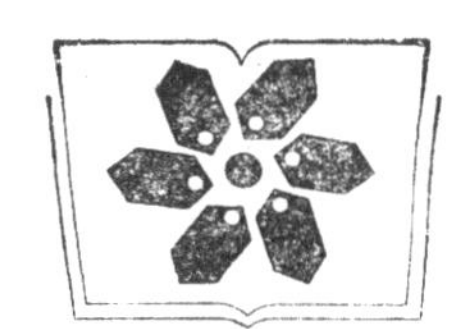

中国科学院科学出版基金资助出版

《现代数学基础丛书》编委会

现代数学基础丛书·典藏版 42

复解析动力系统

吕以辇 著

科学出版社
北京

内 容 简 介

本书主要阐述复解析映照的迭代动力系统的基本理论，并介绍这一领域的一些最新结果及应用．主要内容包括：有理映照的动力系统、Sullivan 终于周期定理和分类定理、整函数的动力系统及．一般解析映照的动力系统．

本书可作为大学数学系高年级学生和研究生的教科书，也可供大学数学系学生、教师及有关的科技工作者参考．

图书在版编目(CIP)数据

复解析动力系统/吕以辇著．—北京：科学出版社，1995.10（2016.6 重印）
（现代数学基础丛书·典藏版；42）
ISBN 978-7-03-004682-6

Ⅰ.①复… Ⅱ.①吕… Ⅲ.①动力系统（数学）—研究 Ⅳ.①O19

中国版本图书馆 CIP 数据核字(2016) 第 113162 号

责任编辑：张 扬／责任校对：林青梅
责任印制：徐晓晨／封面设计：王 浩

科学出版社出版
北京东黄城根北街 16 号
邮政编码：100717
http://www.sciencep.com
北京厚诚则铭印刷科技有限公司印刷
科学出版社发行 各地新华书店经销
*
1995 年 10 月第 一 版 开本：B5(720×1000)
2016 年 6 月印 刷 印张：9 1/2
字数：114 000

定价：68.00 元

（如有印装质量问题，我社负责调换）

前　言

复解析动力系统的研究已有70多年的历史了．早在本世纪20年代，Fatou 和 Julia 就对有理映照动力系统和整函数动力系统的性质进行了研究．在其后的五六十年间，这方面的研究却没有什么突出的进展．80年代初期，B. Mandelbrot 等科学家将计算机技术有效地运用于这一领域，同时在理论研究上，Sullivan 等数学家将拟共形映照和 Teichmüler 空间等理论应用于这一领域，取得了突破性的进展．复解析映照迭代动力系统的研究，重新获得了生机，并且由于它与浑沌理论、分歧理论及分形几何等领域有着紧密的联系，引起了数学界和其它领域的巨大兴趣和关注．

目前国内尚没有复动力系统理论方面较全面、系统的著作．本书的目的是向国内有兴趣的数学工作者及研究生介绍复动力系统的基本理论和最主要的新结果、新进展，使这一方向在我国得到更深入的探讨和研究，并将它应用于其它学科中去．

本书的前身是中国科学院数学研究所的油印讲义《复解析动力系统》．作者曾多次在数学所等单位为研究生讲授过这门课程．此讲义还在1991年全国研究生讲习班和1992年南开数学研究所复分析年上讲授过．在此基础上，作者进行了编写、整理并加入了一些新内容和新结果．

全书共有六章：

前三章讨论有理映照动力系统．第一章介绍有理动力系统的基本概念、性质和定理．这一章的内容主要是 Fatou 和 Julia 的工作．

第二章主要讨论 Sullivan 的著名定理，即有理映照动力系统的稳定域都是终于周期的．关于这个定理，本章着重介绍作者本人的一个相对初等和简捷的证明，只用到复分析中的 Riemann 曲面和拟共形映射等工具.

第三章进一步介绍有理函数动力系统的 Sullivan 分类定理，对有理动力系统的稳定域给出了十分完整的刻划.

第四章讨论多项式动力系统，并用符号动力系统对其 Julia 集的一些特性给予描述.

第五章讨论整函数动力系统的基本性质和定理，并阐述有理函数动力系统和整函数动力系统的一些相似处和相异处.

第六章介绍一般复解析映照的迭代动力系统，着重讨论 C^* 上的全纯自映照的动力系统和亚纯函数动力系统. 亚纯函数动力系统部分主要是作者和 Baker、Kotus 合作的工作.

在本书的整理、誊写和校对过程中，得到了王跃飞、方丽萍、崔贵珍、杨国孝等博士的帮助. 王跃飞博士为本书的后期整理做了许多工作. 本书的出版得到了中国科学院科学出版基金的大力资助和科学出版社的热情支持. 作者在此一并表示衷心的感谢.

吕以辇

中国科学院数学研究所

1993 年 10 月

目　　录

第一章　有理函数动力系统的基础

本章介绍有理函数动力系统的基础理论. 在前两节中，利用有理函数的基本性质和正规族理论给出 Fatou 集和 Julia 集的定义；第 3 节介绍 Julia 集的基本性质；第 4，5 和 6 节研究全纯函数的不动点的局部动力学性质；第 7 和 8 节利用非斥性周期轨道个数的经典估计，证明 Julia 集是斥性周期点集的极限点集；最后给出 Fatou 集的稳定域的一些性质.

§1. 有理函数动力系统的形成

我们恒设 $\mathbb{C}$ 为复平面，$\hat{\mathbb{C}}=\mathbb{C}\cup\{\infty\}$，$\hat{\mathbb{C}}$ 经球极投影共形同胚于二维球面

$$S^2=\{(x_1,x_2,x_3)\in\mathbf{R}^3, x_1^2+x_2^2+x_3^2=1\},$$

$\hat{\mathbb{C}}$ 看作球面. 作为紧 Riemann 曲面，$\hat{\mathbb{C}}$ 的两个标准的局部参数邻域为 $\mathbb{C}$ 与 $\hat{\mathbb{C}}-\{0\}$，对应的局部参数映照为 z 与 $1/z$.

我们要考虑的是球面亚纯映照 $R:\hat{\mathbb{C}}\to\hat{\mathbb{C}}$. 这是有理映照，即有理函数，一般形式为 $R(z)=P(z)/Q(z)$，其中 $P(z)$ 和 $Q(z)$ 是多项式，没有公共零点.

我们知道，R 取任何点 $a\in\hat{\mathbb{C}}$ 的次数是相同的，$R(z)-a$ 的零点个数相同(其中零点的重数计算在内)，这个相同的数记为 d，称为 R 的度，即 $d=\deg(R)$，显然

$$\deg(R)=\max\{\deg(P),\deg(Q)\},$$

其中 $\deg(P)$ 与 $\deg(Q)$ 是对应的多项式的度，即多项式的次数.

现在我们要研究的是，有理函数 $R:\hat{\mathbb{C}}\to\hat{\mathbb{C}}$ 经重复迭代（复合)生成的动力系统，简称为有理(函数)动力系统.

将 R 的 n 次迭代(复合)记为

$$R^n = \underbrace{R \circ R \circ \cdots \circ R}_{n\text{个}}.$$

注意：对 $R^n(z)$ 与 $R(z)$ 的 n 次方 $[R(z)]^n$ 要加以区别，另外规定 $R^0 \equiv Id$（恒等映照）。以后，我们恒假设 $d = \deg(R) \geq 2$，即 R 不是分式线性变换。

有理动力系统最基本的概念是轨道及其收敛性。

对 $\forall z_0 \in \hat{\mathbb{C}}, z_0$ 的正向轨道记为 $O^+(z_0)$，定义为

$$O^+(z_0) = \{z_0 = R^0(z_0), z_1 = R^1(z_0), \cdots, z_n = R^n(z_0), \cdots\}.$$

z_0 的反向轨道 $O^-(z_0)$ 定义为

$$O^-(z_0) = \{z_0, R^{-1}(z_0), \cdots, R^{-n}(z_0), \cdots\},$$

其中 $R^{-n}(z_0)$ 是原象点集，$R^{-n}(z_0) = \{z \in \hat{\mathbb{C}}: R^n(z) = z_0\}$。

如果在 $O^+(z_0)$ 中存在最小的 $p > 0$ 使得 $R^p(z_0) = z_0$，则称 z_0 为周期点，p 为周期。这时 $O^+(z_0)$ 由周期循环组成，记之为

$$O^+(z_0) = \{z_0, z_1 = R^1(z_0), \cdots, z_{p-1} = R^{p-1}(z_0)\},$$

特别，当周期 $p = 1$ 时，$R(z_0) = z_0$，我们称 z_0 为不动点，对应的 $O^+(z_0) = \{z_0\}$。

我们称 $\lambda = \lambda(z_0) = (R^p)'(z_0)$ 为周期点 z_0 的特征值，显然

$$\begin{aligned}\lambda = \lambda(z_0) = \lambda(z_1) = \cdots = \lambda(z_{p-1})\\ = R'(z_0) \cdot R'(z_1) \cdot \cdots \cdot R'(z_{p-1}).\end{aligned}$$

因此 λ 也称为周期循环的特征值。

现在我们定义有理动力系统的共形共轭等价关系，这是简化研究的一个重要工具。

设 R, S 为两个有理函数，我们称 R(共形)共轭于 S，如果存在分式线性变换 $M: \hat{\mathbb{C}} \to \hat{\mathbb{C}}$，称为共轭变换，使得 $S = M \circ R \circ M^{-1}$，即有交换图表：

$$\begin{array}{ccc}\hat{\mathbb{C}} & \xrightarrow{R} & \hat{\mathbb{C}}\\ M\downarrow & & \downarrow M\\ \mathbb{C} & \xrightarrow[S]{} & \mathbb{C}\end{array}。$$

这时，R^n 共轭于 S^n. 我们将会逐步看到，通过共轭变换 M，将 R 与 S 生成的动力系统看作是相同的，同时可化为简单的动力系统.

例如，对一般二次多项式 $R(z) = az^2 + 2bz + d$，作共轭变换 $M(z) = az + b$，则 R 共轭于 $P(z) = z^2 + c$，其中

$$d = (b^2 - b + c)/a.$$

事实上，

$$\begin{aligned} M^{-1}\circ P\circ M &= M^{-1}((az + b)^2 + c) \\ &= M^{-1}(a^2z^2 + 2abz + b^2 + c) \\ &= (a^2z^2 + 2abz + b^2 + c - b)/a = R(z). \end{aligned}$$

这就说明，二次多项式族共轭等价于单参数族 $P(z) = z^2 + c$.

现在对周期点进行分类.

设 z_0 为周期 p 的周期点，$R^p(z_0) = z_0$，特征值为 λ，则 z_0 及对应的周期循环 $O^+(z_0)$ 称为:

1）吸性的，如果 $0 < |\lambda| < 1$;

2）超吸性的，如果 $\lambda = 0$;

3）中性的，如果 $|\lambda| = 1$; 这时 $\lambda = e^{2\pi i\alpha}$，当 $\alpha\in\mathbb{Q}$（有理数集）时，则称为有理中性的，$\alpha\in\mathbb{R}-\mathbb{Q}$ 时则称为无理中性的;

4）斥性的，如果 $1 < |\lambda| < \infty$.

当 $\lambda = \infty$ 时，$O^+(z_0)$ 中必存在唯一点 z_i 使得 $R'(z_i)=\infty$，因此 $z_{i+1} = R(z_i) = \infty$. 取 $a\notin O^+(z_0)$，作共轭变换

$$z = M(\zeta) = \frac{1}{\zeta - a},$$

R 共轭于 $S = M^{-1}\circ R\circ M$，这时 $\zeta_0 = M^{-1}(z_0)$ 为 S 的 p 周期点，定义 $\lambda(\zeta_0) = (S^n)'(\zeta_0)$ 为 $O^+(z_0)$ 与 $O^+(\zeta_0)$ 的特征，对 $\lambda(\zeta_0)$ 所分类型称为对应的 $O^+(z_0)$ 的类型.

例如，对于一般多项式

$$R(z) = a_nz^n + a_{n-1}z^{n-1} + \cdots + a_0,$$

∞是超吸性不动点，且 $R^{-1}(\infty)=\{\infty\}$.

反之，如果R有一个超吸性不动点 a，且 $R^{-1}(a)=\{a\}$，则通过共轭变换 $M(z)=\dfrac{1}{z}+a$，R 共轭于多项式 $P=M\circ R\circ M^{-1}$.

我们经常要把有理映照 $R:\hat{\mathbb{C}}\to\hat{\mathbb{C}}$ 看作 $\hat{\mathbb{C}}$ 的 d 叶分支覆盖(曲面).

一般，设 $\widetilde{W},W$ 为曲面(二维流形)，映照 $\pi:\widetilde{W}\to W$ 称为分支覆盖(曲面)，如果对 $\forall$ 点 $a\in W$，存在 a 的邻域 U_a，使得对 $\forall\tilde{a}_i\in\pi^{-1}(a)$，都存在邻域 $U_{\tilde{a}_i}$，满足 $\pi(U_{\tilde{a}_i})=U_a$，且存在局部参数映照

$$\tilde{\varphi}_i:U_{\tilde{a}_i}\to D(0,r),\quad \varphi_i:U_a\to D(0,r),$$

其中 $D(0,r)$ 为以 r 为半径O为圆心的圆，使得

$$\varphi_i\circ\pi\circ\tilde{\varphi}_i^{-1}:D(0,r)\to D(0,r),\quad z\longmapsto z^{k_i}.$$

这里当 $k_i>1$ 时点 $\tilde{a}_i$ 称为分支点，k_i 称为 $\tilde{a}_i$ 的分支重数.

如果不存在任何分支点，则 $\pi:\widetilde{W}\to W$ 称为非分支覆盖，简称覆盖.

我们知道，对分支覆盖 $\pi:\widetilde{W}\to W$，对 $\forall a\in W$，$\pi^{-1}(a)$ 具有相同的点的个数 d，$1\leqslant d\leqslant\infty$，其中分支点 $\tilde{a}_i$ 应看作 $k_i>1$ 个点，d 称为覆盖的叶数.

根据上面定义可以验证，$R:\hat{\mathbb{C}}\to\hat{\mathbb{C}}$ 是一个分支覆盖，覆盖叶数为 $d=\deg(R)$，分支点为R的临界点 c_i，即满足 $R'(z)=0$ 的点，对应的分支重数 k_i 称为临界重级. 设R的所有临界点的集为 $C=\{c_i\}$，应用 Riemann-Hurwitz 公式，得到

$$\chi(\hat{\mathbb{C}})=d\chi(\hat{\mathbb{C}})+\sum_{c_i\in C}(k_i-1),$$

其中球面的 Enler 特征 $\chi(\hat{\mathbb{C}})=-2$，因此得到

$$\sum_{c_i\in C}(k_i-1)=2d-2.$$

这就说明R的临界点总数 $\leqslant 2d-2$.

§ 2. Montel 正规族理论与 Fatou 集及 Julia 集的定义

首先，我们必须介绍一下 Montel 正规族理论。

设 $U\subset\mathbb{C}$ 为一个域，考虑全纯函数 $f: U\to\mathbb{C}$ 及亚纯函数 $f:U\to\hat{\mathbb{C}}$ 组成的函数族。在 $\mathbb{C}$ 内我们通常用欧氏距离，在 $\hat{\mathbb{C}}$ 上则要用球面距离，定义如下：对 $\forall a, b\in\mathbb{C}$

$$d_s(a,b)=\begin{cases}\dfrac{|a-b|}{\sqrt{1+|a|^2}\cdot\sqrt{1+|b|^2}}, & a\neq\infty,\ b\neq\infty,\\[2ex] \dfrac{1}{\sqrt{1+|a|^2}}, & b=\infty.\end{cases}$$

考虑亚纯函数族 $\mathscr{F}=\{f_\alpha: U\to\hat{\mathbb{C}},\ \alpha\in I\}$，其中 I 为指标集。

定义 2.1 亚纯函数族 $\mathscr{F}$ 称为在 U 上是正规的，如果族 $\mathscr{F}$ 中的任何序列 $\{f_n\}$ 都存在子序列 $\{f_{n_j}\}$，在 U 的任一紧子集上，按球面距离 d_s 一致收敛。

如果序列 $\{f_n\}$ 在 U 内的任一紧子集上一致收敛，以后就简称为 $\{f_n\}$ 在 U 内局部一致收敛。

定义 2.2 亚纯函数族 $\mathscr{F}$ 称为在 U 上局部等度连续，如果对 U 内的任何紧子集 K 和任意给定的 $\varepsilon>0$，总存在 $\delta>0$，使得对 $\forall z_1, z_2\in K$，当 $d_s(z_1,z_2)<\delta$ 时，对 $\forall f_\alpha\in\mathscr{F}$，

$$d_s(f_\alpha(z_1),f_\alpha(z_2))<\varepsilon.$$

这两个定义是等价的：$\mathscr{F}$ 在 U 内正规当且仅当 $\mathscr{F}$ 在 U 内局部等度连续。

下面两定理是 Montel 正规定则：

定理 (Montel) 对全纯函数族 $\mathscr{F}=\{f_\alpha: U\to\mathbb{C},\ \alpha\in I\}$，如果 $\mathscr{F}$ 局部一致有界，即对 U 的任一紧子集 K，总存在 $M>0$，使得对 $\forall z\in K$，$\forall f_\alpha\in\mathscr{F}$，总有 $|f_\alpha(z)|\leqslant M$，则 $\mathscr{F}$ 在 U

正规。

定理 (Montel) 对亚纯函数族 $\mathscr{F}=\{f_\alpha: U\to\hat{\mathbb{C}}, \alpha\in I\}$，如果 $\mathscr{F}$ 中任何 f_α 都不取三个互不相同的固定值 $a, b, c\in\hat{\mathbb{C}}$，则 $\mathscr{F}$ 在 U 内正规。

下面的定理为 Marty 正规定则：

定理 (Marty) 亚纯函数族 $\mathscr{F}=\{f_\alpha:U\to\hat{\mathbb{C}}, \alpha\in I\}$ 在 U 正规，当且仅当 $\mathscr{F}$ 在 U 内的球面导数局部一致有界，即对 U 的任一紧子集 K，存在 $M>0$，使得对 $\forall z\in K$，$\forall f_\alpha\in\mathscr{F}$，球面导数

$$\frac{|f'_\alpha(z)|}{1+|f_\alpha(z)|^2}\leqslant M.$$

正规族的定义是局部性的。如果 $\mathscr{F}=\{f_\alpha: U\to\hat{\mathbb{C}}, \alpha\in I\}$ 在 U 内正规，则对 $\forall z_0\in U$，在 z_0 的邻域 $U_0\subset U$，$\mathscr{F}$ 限制在 U 内的族 $\{f_\alpha|_{U_0}:U_0\to\hat{\mathbb{C}},\alpha\in I\}$ 在 U_0 内正规，并称之为 $\mathscr{F}$ 在点 z_0 正规。反之，如果 $\mathscr{F}$ 在 U 内任一点正规，则 $\mathscr{F}$ 在 U 正规。

对于正规族 $\mathscr{F}$，如果 $\mathscr{F}$ 的序列局部一致收敛，则一定局部一致收敛于一个亚纯函数 f，包括常数函数 $f\equiv\infty$。

另外，我们将经常用到 Schwarz 引理及单值化定理。

约定记号：$D(a,r)=\{z\in\hat{\mathbb{C}}, |z-a|<r\}$。

Schwarz 引理(经典形式) 设 $f:D(0,1)\to D(0,1)$ 为全纯函数，$f(0)=0$，则

(a) 对 $\forall z\in D(0,1)$，$|f(z)|\leqslant|z|$；

(b) $|f'(0)|\leqslant 1$。

另外，如果存在一点 $z_0\in D(0,1)\setminus\{0\}$，使得 (a) 或 (b) 中有一个等号成立，则 $f(z)=e^{i\theta}z$，这里 θ 为实常数。

单值化定理 单连通 Riemann 曲面共形等价于 $\hat{\mathbb{C}}$, $\mathbb{C}$ 或单位圆 $D(0,1)$。

Riemann 曲面 W 的万有覆盖曲面 $\hat{W}$ 是单连通的，单值化定理适用于 $\hat{W}$，我们将经常这样应用。

附注 关于 Montel 正规族理论及本书用到的其它有关复分

析的基本知识，可参考 Ahlfors 的书[A3]。

单值化定理及本书用到的关于 Riemann 曲面的基本知识，可参考一般有关 Riemann 曲面的书。作者与张学莲合著的书《黎曼曲面》（科学出版社，1990）[LZ]较为基本简明，是入门的捷径。

现在回到有理函数 $R:\hat{\mathbb{C}}\to\hat{\mathbb{C}}$ 生成的动力系统，应用 Montel 正规族理论定义 Fatou 集与 Julia 集这两个基本概念。

定义 2.3 对有理函数 $R:\hat{\mathbb{C}}\to\hat{\mathbb{C}}$，$d=\deg(R)\geqslant 2$. $z\in\hat{\mathbb{C}}$ 称为正规点，如果存在 z 的一个邻域 U，族 $\{R^n\}$ 在 U 内是正规的。

所有正规点组成的集记为 $F=F(R)$，称为 Fatou 集，正规集或稳定集。

所有非正规点组成的集记为 $J=J(R)$，称为 Jnlia 集。

根据定义，$J=\mathbb{C}-F$.

由正规族定义的局部性，我们知道：$F(R)$ 是开集，$J(R)$ 是闭集。我们称 $F(R)$ 的连通分支为稳定域。

F 是完全不变集，即 $R(F)=R^{-1}(F)=F$，因而 J 也是完全不变集，$R(J)=R^{-1}(J)=J$.

$F(R)=F(R^p)$，$J(R)=J(R^p)$，其中 p 为正整数。

定理 2.1 $J=J(R)$ 是非空的。

证明 注意到 $d=\deg(R)\geqslant 2$，R 与 R^2 一定有不同的不动点。

假设 $J=\varnothing$，则 $F=\hat{\mathbb{C}}$，经选取子序列后，不妨设 $R^{2n_j}(z)$ 在 $\hat{\mathbb{C}}$ 上一致收敛于有理函数 $g(z)$，且 $g(z)$ 非常数函数。对于任意给定的正整数 p，经选取子序列后，不妨假定 $R^{2(n_j-p)}$ 在 $\mathbb{C}$ 一致收敛于非常数有理函数 $h(z)$，由于 $R^{2n_j}=R^{2p}\circ R^{2(n_j-p)}$，得到 $g=R^{2p}\circ h$，因此 $\deg(g)\geqslant\deg(R^{2p})\cdot\deg(h)\geqslant d^{2p}$. 由于 p 是任意的正整数，这就得到矛盾，定理得证。

定理 2.2 R 的斥性周期点 $z_0\in J$，吸性超吸性周期点 $z_0\in F$.

证明 设 z_0 为斥性周期点，周期为 p，则 $\lambda=(R^p)'(z_0)$，

$|\lambda|>1$. 如果 $z_0\in F$，则 z_0 存在一个邻域 U_0，R^n 在 U_0 正规. 经选取子序列后，不妨假设 $R^{np}(z)$ 在 U_0 内局部一致收敛于全纯函数 $g(z)$. 因此有，当 $n\to\infty$ 时，

$$(R^{np})'(z_0)\to g'(z_0), \text{ 即 } \lambda^n\to g'(0).$$

但是 $\lambda^n\to\infty$，这就得到矛盾，因而 $z_0\in J$.

假设 z_0 为吸性或超吸性周期点，周期 p，$\lambda=(R^p)'(z_0)$，则有 $|\lambda|<1$. 取定 $|\lambda|<\mu<1$，则在充分小的圆 $D(z_0,r)$ 内，$|(R^p)'(z)|\leqslant\mu$，由于对 $\forall z\in D(z_0,r)$，

$$R^p(z)-z_0=\int_{z_0}^{z}(R^p)'(z)dz.$$

因此有 $|R^p(z)-z_0|\leqslant\mu|z_0-z|$，由此推出 $R^p(D(z_0,r))\subset D(z_0,\mu r)$，$R^{mp}(D(z_0,r))\subset D(z_0,\mu^m r)$. 因而在 $D(z_0,r)$ 内，当 $m\to\infty$ 时，$R^{mp}(z)\to z_0$ 且收敛是局部一致的.

这就表明 $z_0\in F(R^p)=F(R)$，定理得证.

现在，我们知道 $J(R)\neq\varnothing$，斥性周期点在 $J(R)$ 上，但有可能 $J(R)=\overline{\mathbb{C}}$.

Lattes 的例子：

$$R(z)=\frac{(z^2+1)^2}{4z(z^2-1)}$$

具有 $J(R)=\overline{\mathbb{C}}$.

这例子的证明比较难. 下面我们介绍这类例子的作法.

给定复数 $w_1,w_2\in\mathbb{C}$，$\omega_2/\omega_1\notin\mathbb{R}$，设 w 为形如 $n_1w_1+n_2w_2$ 的点，其中 $n_1,n_2\in\mathbb{Z}$. 定义等价关系 $\sim$，$z_1,z_2\in\mathbb{C}$，$z_1\sim z_2$ 当且仅当 $z_1-z_2=w$. 把 $\mathbb{C}$ 的点分成等价类，z 的等价类记为

$$[z]=\{z+n_1w_1+n_2w_2:n_1,n_2\in\mathbb{Z}\}.$$

令 $T=\{[z]:z\in\mathbb{C}\}$，则 T 在自然投影 $z\longmapsto[z]$ 诱导的拓扑下成为一个环面.

给定整数 $m\geqslant 2$，定义映照 $M:T\to T$，$[z]\longmapsto[mz]$，则 $M:T\to T$ 是一个覆盖，覆盖叶数 $\deg(M)=m^2$.

考虑 Weierstrass $\wp$ 函数

$$\wp(z) = \frac{1}{z^2} + \sum_{w \neq 0} \left[\frac{1}{(z-w)^2} - \frac{1}{w^2}\right].$$

$\wp$ 可看作定义于T上的亚纯函数，$\wp$: $T \to \hat{\mathbb{C}}$ 是分支覆盖，$\deg(\wp) = 2$，并且仅以 $[w_1/2]$、$[(w_1 + w_2)/2]$ 和 $[0]$ 为 2 级分支点．另外，由于 $\wp(-z) = \wp(z)$ 及 $\wp(z + n_1 w_1 + n_2 w_2) = \wp(z)$．映照$M$保持$\mathbb{C}$的在$\wp$下的原象不变．此即说明，我们可以定义映照 R_m:$\hat{\mathbb{C}} \to \hat{\mathbb{C}}$，使得有交换图表：

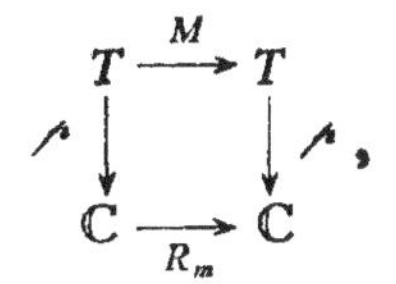

R_m 是有理函数，$\deg(R_m) = m^2$．

证明 $J(R_m) = \hat{\mathbb{C}}$．设

$$A = \left\{z \in \mathbb{C}: z = \frac{a_1}{b_1} w_1 + \frac{a_2}{b_2} w_2, a_i, b_i \in \mathbf{Z},\ i = 1,2\right\},$$

$$A_N = \left\{z \in \mathbb{C}: z = \frac{a_1}{b_1} w_1 + \frac{a_2}{b_2} w_2,\ a_i、b_i \in \mathbf{Z},\right.$$

$$\left. 0 < b_i \leqslant N,\ i = 1, 2\right\}.$$

A在 $\hat{\mathbb{C}}$ 稠密．$A = \bigcup_{N=1}^{\infty} A_N$．令 $B_N = \{[z] \in T: z \in A_N\}$，$B_N$ 是T的有限集，且 $M(B_N) \subset B_N$，我们只需证明$\wp(A) \subset J(R_m)$，而归结为证明 $\wp(B_N) \subset J(R_m)$．由于 B_N 是有限集，$\forall [z] \in B_N$ 都是M的预周期点，即存在k使得 $M^k([z])$ 是M的周期点．因此 $\zeta = \wp([z])$ 是 R_m 的予周期点，即 $R_m^k(\zeta)$ 是 R_m 的周期点． 由于$m \geqslant 2$时，M的周期点的特征值 $\geqslant m \geqslant 2 > 1$，因此 $R_m = \wp \circ M \circ \wp^{-1}$ 在 $R_m^k(\zeta)$ 的特征值 > 1，即为斥性周期点．$R_m^k(\zeta) \in J(R_m)$，$\wp(B_N) \subset J(R_m)$，$\wp\left(\bigcup_{N=1}^{\infty} B_N\right) \subset J(R_m)$．但 $\bigcup_{N=1}^{\infty} B_N$ 在T稠密，因而 $J(R_m) = \hat{\mathbb{C}}$．

特别,取 $m=2$, 适当选取 w_1, w_2 时,便可得到

$$R_m(z)=\frac{(z^2+1)^2}{4z(z^2-1)}.$$

现在,人们已经用计算机画出很多漂亮的 Julia 集图形. 下面是几个例子:

(1) $R(z)=z^d$, d 是正整数, $J(R)$ 是单位圆周.

(2) $R(z)=2z-\dfrac{1}{z}$, $J(R)$ 是$[-1,1]$的 Cantor 集,作法是每次把余下区间分成 4 个等分,而挖去中间的 2 个等分.

(3) Douady 兔 $R(z)=z^2+c$, 这里 c 满足 $c^3+2c^2+c+1=0$, $\mathrm{Im}(c)>0$, $c\approx-0.12256+0.74486$, 它的 Julia 集是连通的,而 Fatou 集内无穷多个单连通区域构成(见图 1).

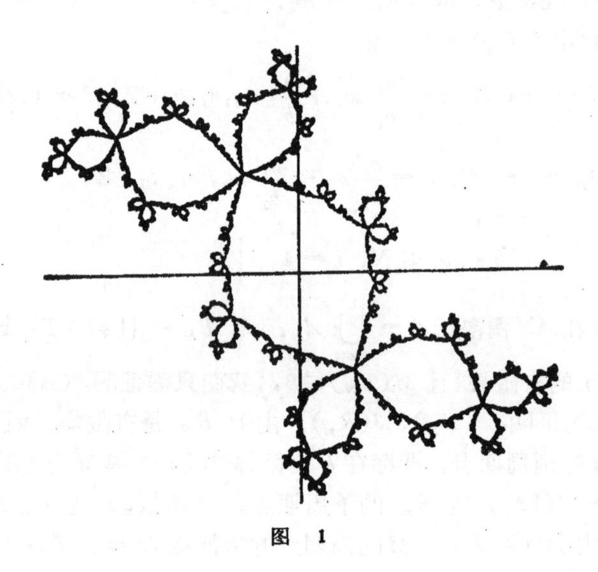

图 1

(4) 二次多项式 $P(z)=z^2-0.3125$. 它的 Julia 集是一条 Jordan 曲线(见图 2).

(5) 二次多项式 $P(z)=z^2+0.3$. 它的 Julia 集是一Cantor 集(见图 3). 图 4 和图 5 反映 Julia 集的局部分形特性.

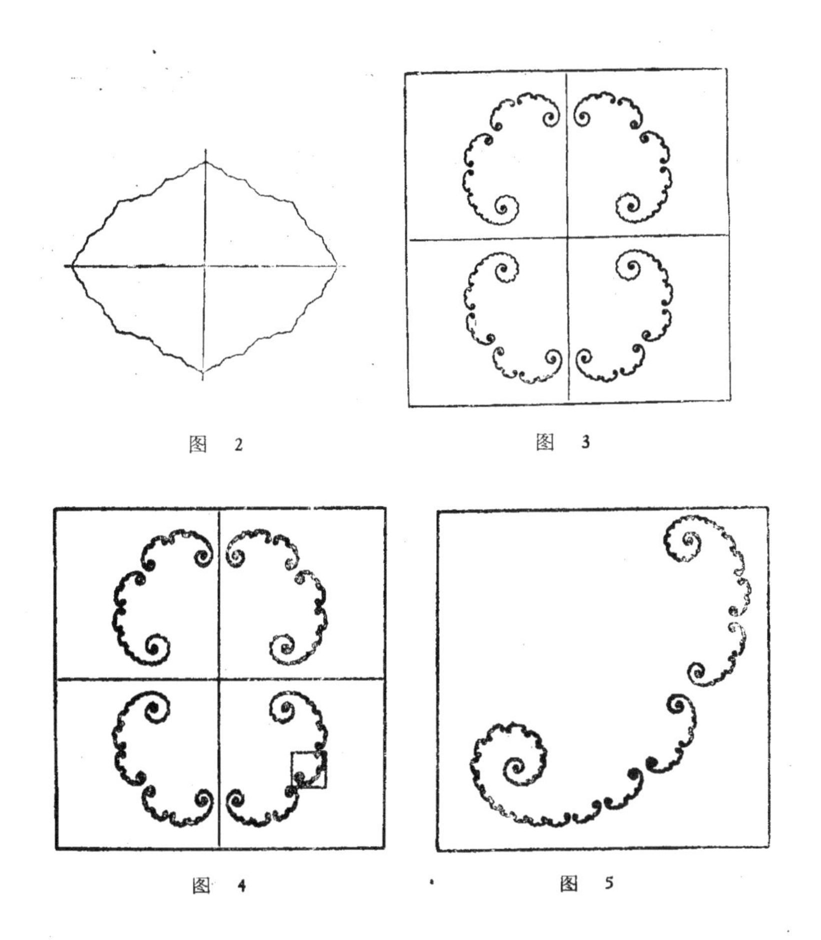

图 2　　图 3　　图 4　　图 5

§ 3. 完全集及相关性质

首先我们考虑 Julia 集 $J=J(R)$ 的非正规点性质:

对 $\forall z\in J$, 对 z_0 的任何充分小的邻域, 根据 Montel 定理, $\hat{\mathbb{C}}-\bigcup\limits_{n\geq 0} R^n(U)$ 最多包含两个点. 因此, 给定互不相同的 3 点 a, b 和 $c\in\hat{\mathbb{C}}$, 必有一点, 不妨设为 a, 使得 $a\in\bigcup\limits_{n\geq 0}^{\infty} R^n(U)$, 对所有充分小的邻域 U 成立.

根据此性质，我们有：

定义 $a\in\hat{\mathbb{C}}$ 称为R的例外点，如果反向轨道 $O^-(a)$ 是一个有限集。

由于 $R^{-1}(O^-(a))\subset O^-(a)$，$O^-(a)$ 的点也是例外点，称 $O^-(a)$ 为例外反向轨道。例外点集记为 E，$R^{-1}(E)\subset E$。

根据上面 J 的非正规点性质，E 最多有 2 个点，因此，如果 $E=\{a\}$，则 $R^{-1}(a)=R(a)=a$。如果 $E=\{a,b\}$，则由 $R^{-1}(E)\subset E$ 有：

(1) a,b 是R的不动点，且有

$$R^{-1}(a)=R(a)=a,\quad R^{-1}(b)=R(b)=b;$$

或者

(2) a,b 是 R^2 的不动点，且有

$$R^{-2}(a)=R^2(a)=a,\quad R^{-2}(b)=R^2(b)=b.$$

定理 3.1 当 $E=\{a\}$ 时，则R共轭于d次多项式，a 为超吸性不动点。当 $E=\{a,b\}$ 时，则

(1) a,b 是R的不动点，R共轭于 z^d，a，b 是超吸性不动点；或者

(2) a,b 是 R^2 的不动点。R共轭于 z^{-d}，a，b 是周期为 2 的超吸性不动点且 $R(a)=b$。

证明 当 $E=\{a\}$ 时，作共轭变换 $M(z)=1/(z-a)$，R 共轭于 $P=M\circ R\circ M^{-1}$，$z\longmapsto P(z)$，$P^{-1}(\infty)=P(\infty)=\infty$，$P$ 是 d 次多项式。

当 $E=\{a,b\}$ 时，则

(1) 当 a,b 是R的不动点时，$M(z)=(z-a)/(z-b)$，R 共轭于 $P_0=M\circ R\circ M^{-1}$，$P_0^{-1}(0)=P_0(0)=0$，$P_0^{-1}(\infty)=P_0(\infty)=\infty$，则 $P_0(\zeta)=K\zeta^d$。再做共轭变换 $z=M_1(\zeta)=K^{\frac{-1}{d-1}}\zeta$，则 $P=M_1^{-1}\circ P_0\circ M_1$，$z\longmapsto z^d$。因而$R$共轭于 $z\longmapsto z^d$，0 与对应的 a 为超吸性不动点，∞与对应的 b 也为超吸性不动点。

(2) 当 a,b 为 R^2 的不动点时，如(1)所证，可以得到 R^2 共轭

于 $P(z)=z^{d^2}$. 因此R必共轭于 $z\longmapsto z^{-d}$, $\{0,\infty\}$与对应的 a, b 为超吸性周期点,且 $R(a)=b$. 定理得证.

根据这一定理,如果 $E\neq\varnothing$,E 最多有 2 个超吸性周期点组成,即E最多由 2 个周期临界点组成, $E\subset F(R)$,$E\cap J(R)=\varnothing$.

根据 $J(R)\neq\varnothing$, 及J的非正规性质,我们有下面定理:

定理 3.2 对 $\forall z\in\hat{\mathbb{C}}\backslash E$,

$$J\subset(O^-(z))'\subset\Big(\bigcup_{n\geqslant 0}R^{-n}(z)\Big)';$$

当 $z\in J(R)$ 时,

$$J=\Big(\bigcup_{n\geqslant 0}^{\infty}R^{-n}(z)\Big)',$$

这里 G' 记为集合G的导集或聚点集.

由这一定理,通过计算机计算 $R^{-n}(z)$, 可以画出 Julia 集的图形.

在理论上, 从这一定理可以看出 Julia 集是一个无穷集, 且直接推出下面重要的定理.

定理 3.3 Julia 集 $J(R)$ 是一个完全集,即 $J'=J$.

定理 3.4 Julia 集 $J=J(R)$ 没有完全不变的真闭子集.

证明 设 $J_0\subset J$ 为完全不变的闭的真子集,

$$R^{-1}(J_0)=R(J_0)=J_0,$$

取 $z_0\in J_0$, 则根据定理 3.2

$$J=\Big(\bigcup_{n\geqslant 0}^{\infty}R^{-n}(z_0)\Big)'\subset J_0,$$

而这与 J_0 的假设矛盾,由此得证.

§4. 吸性与超吸性周期轨道的局部动力学性质

首先考虑在O点邻域内定义的全纯函数

$$f(z)=\lambda z+a_2z^2+a_3z^3+\cdots,$$

其中 $f(0)=0$, $\lambda=f'(0)$, $0<|\lambda|<1$, 对于这种函数, 有局

部线性化定理：

定理 4.1 存在 O 点的邻域 U_0，及共形映射 $\phi_0: U_0 \to D(0, r)$，$\phi_0(0) = 0$，$\phi_0'(0) = 1$，使得 f 共轭于 $\phi_0 \circ f \circ \phi_0^{-1}$：$D(0, r) \to D(0, r)$，$\zeta \longmapsto \lambda\zeta$，即有下面交换图表：

$$\begin{array}{ccc} U_0 & \xrightarrow{f} & U_0 \\ \phi_0 \downarrow & & \downarrow \phi_0 \\ D(0,r) & \xrightarrow{\zeta \mapsto \lambda\zeta} & D(0,r). \end{array}$$

证明 取定 O 点充分小的邻域 $U = D(0, \delta)$，再取定

$$\mu^2 < |\lambda| < \mu < 1,$$

使得在 U 内 $|f(z)| \leqslant \mu |z|$，因而 $|f^n(z)| \leqslant \mu^n |z| \leqslant \delta\mu^n$. 另外存在 $K > 0$，使得在 U 内有 $|f(z) - \lambda z| \leqslant K|z|^2$，因而

$$|f^{n+1}(z) - \lambda f^n(z)| \leqslant K\delta^2\mu^{2n}.$$

在 U 内定义 $\phi_n(z) = f^n(z)/\lambda^n$，则有 $\phi_n(0) = 0$，$\phi_n'(0) = 1$，且

$$\phi_n \circ f = \lambda \cdot \phi_{n+1}.$$

现在证明 ϕ_n 在 U 内一致收敛. 我们有

$$\begin{aligned} |\phi_{n+1}(z) - \phi_n(z)| &= \frac{1}{|\lambda|^{n+1}} |f^{n+1}(z) - \lambda f^n(z)| \\ &\leqslant \frac{K\delta^2\mu^{2n}}{|\lambda|^{n+1}} = \frac{K\delta^2}{|\lambda|}\left(\frac{\mu^2}{|\lambda|}\right)^n, \end{aligned}$$

因此 $\forall k \in \mathbb{N}$,

$$\begin{aligned} |\phi_{n+k}(z) - \phi_n(z)| &\leqslant \frac{K\delta^2}{|\lambda|}\sum_{j=n}^{\infty}\left(\frac{\mu^2}{|\lambda|}\right)^j \\ &\leqslant \frac{K\delta^2}{|\lambda|}\left(\frac{\mu^2}{|\lambda|}\right)^n \bigg/ \left(1 - \frac{\mu^2}{|\lambda|}\right). \end{aligned}$$

因为 $\mu^2/|\lambda| < 1$，这就表明在 U 内 $\phi_n(z)$ 是一致的 Cauchy 序列，设 $\phi_n(z)$ 在 U 内一致收敛于 $\phi_0(z)$，则 $\phi_0(0) = 0$，$\phi'(0) = 1$，且有

$$\phi_0 \circ f(z) = \lambda \circ \phi_0(z).$$

取充分小的 $D(0, r)$，$U_0 = \phi_0^{-1}(D(0, r))$，使得 $\phi_0: U_0 \to$

$D(0,r)$ 是共形映射，则符合定理要求，定理得证。

现在回到有理函数 $R: \hat{\mathbb{C}} \to \hat{\mathbb{C}}$. 设 z_0 为周期 p 的吸性周期点，特征值 λ, $0 < |\lambda| < 1$，周期循环为 $\{z_0, z_1 = R(z_0), \cdots, z_{p-1} = R^{p-1}(z_0)\}$. 则在 z_0 的邻域内，经共轭变换 $M(z) = z + z_0$ 之后 R^p 共轭于定理 4.1 中的函数，应用这一定理，直接得到下面的定理：

定理 4.2 存在 $z_0, z_1, \cdots, z_{p-1}$ 的互不相交的邻域 $U_0, U_1, \cdots, U_{p-1}$ 使得对 $0 \leqslant i \leqslant p-1$，$R^i: U_0 \to U_i$ 是共形映射，且存在共形映射 $\phi_0: U_0 \to D(0,r)$，$\phi_0(z_0) = 0$，$\phi_0'(0) = 1$，使得有交换图表

$$\begin{array}{ccc} U_0 & \xrightarrow{R^p} & U_0 \\ \phi_0 \downarrow & & \downarrow \phi_0 \\ D(0,r) & \xrightarrow[\zeta \to \lambda\zeta]{} & D(0,r), \end{array} \qquad \begin{array}{ccc} U_i & \xrightarrow{R^p} & U_i \\ \phi_i \downarrow & & \downarrow \phi_i \\ D(0,r) & \xrightarrow[\zeta \to \lambda\zeta]{} & D(0,r), \end{array}$$

其中 $\phi_i = \phi_0 \circ R^{-i}$: $U_i \to D(0, r)$ 是共形映射，$\phi_i(z_i) = 0$，$\phi_i'(z_i) = [(R^i)'(z_0)]^{-1}$.

现在我们定义吸性循环 $O(z_0) = \{z_0, z_1, \cdots, z_{p-1}\}$ 的直接吸性域。

根据定理 4.2，R^p 关于 z_0 的直接吸性域记为 $A(z_0, R^p)$，定义为

$$A(z_0, R^p) = \bigcup_{n \geqslant 0} R^{-n}(U_0),$$

其中 $R^{-np}(U_0)$ 只表示其中包含 U_0 的分支。根据定理 4.2，可以看出 $U_0 = \bigcup\limits_{n \geqslant 0} R^{np}(U_0)$，且

$\overline{R^{(n+1)p}(U_0)} \subset R^{n+p}(U_0)$. R^p: $R^{np}(U_0) \to R^{(n+1)p}(U_0)$ 是共形映射。因此，反过来 $\overline{R^{-np}(U_0)} \subset R^{-(n+1)p}(U_0)$.

直接吸性域 $A(z_0, R^p)$ 是 R 的包含 z_0 的稳定域。

我们回忆一下，稳定域是 $F(R)$ 的连通分支，根据定义，$U_0 \subset F(R)$，因而 $A(z_0, R^p) \subset F(R)$，$A(z_0, R^p)$ 是连通的，因而

存在包含 z_0 的稳定域 D_0 使得 $A(z_0,R^p)\subset D_0$. 对 $\forall z\in D$, 当 $n\to\infty$ 时 $R^{np}(z)\to z_0$, 因而存在N, 使得 $z\in R^{-Np}(U_0)$, 因此 $z\in A(z_0,R^p)$, $A(z_0,R^p)=D_0$.

以后我们简称直接吸性域为吸性稳定域或吸性域.

对$z_i=R^i(z_0)\in O^+(z_0)$, 类似地定义吸性域 $A(z_i, R^p)$, 由定理 4.2 可得到 $A(z_i,R^p)=R^i(A(z_0,R^p))$.

吸性循环 $O^+(z_0)$ 的关于R的吸性域定义为

$$A(O^+(z_0),\ R)=\bigcup_{i=0}^{p-1} R^i(A(z_0,R^p)),$$

$A(O^+(z_0),R)$ 由p 个循环稳定域组成, 以后我们称 $A(O^+(z_0),R)$ 为 $O^+(z_0)$ 的吸性循环(稳定)域.

定理 4.3 吸性循环 $O^+(z_0)$ 的吸性循环域一定包含有 R 的临界点而不在 $O^-(z_0)$ 上.

证明 我们证明 $A(z_0,\ R^p)-O^-(z_0)$ 包含有 R^p 的临界点,因为如果 c_0 是 R^p 的临界点,当且仅当

$$R'(c_0)R'(c_1)\cdots R'(c_{p-1})=0,$$

其中 $c_i=R^i(c_0)$, $0\leqslant i\leqslant p-1$. 因此必存在 R 的临界点 $c_i\in A(z_i,R^p)$.

假设 $A(z_0,R^p)-O^-(z_0)$ 没有 R^p 的临界点,我们令

$$U_0^*=U_0-\{z_0\},$$

则有

$$A(z_0,\ R^p)-O^-(z_0)=\Big(\bigcup_{n\geqslant 0} R^{-np}(U_0^*)\Big)\cup\Big(\bigcup_{m\geqslant 0} R^{mp}(U_0^*)\Big).$$

定义等价关系$\sim$: $\forall x,y\in A(z_0,\ R^p)-O^-(z_0)$, $x\sim y$ 当且仅当存在 $m,n>0$ 使得 $R^{np}(x)=R^{mp}(y)$, 等价分类后, $\forall z$ 的等价类记为 $O(z)$(z 对 R^p 的大轨道),设 $U_1=R^p(U_0)$, 考虑环域 $\Omega_0=U_0-\overline{U}_1$, Ω_0的边界为2 条解析 Jordan 闭曲线 ∂U_0 和 ∂U_1, 且 R^p: $\partial U_0\to\partial U_1$ 为单叶全纯映射. Ω_0 内任意两点不等价,而 ∂U_0 的点 x_0 恰有一点 $x_1=R^p(x_0)\in\partial U_1$ 与之等价. 我

们称 $\Omega_0 \cup \partial U_0$ 为基本域。恒等 Ω_0 的等价边界点 x_1 与 $R^p(x_1)$，则得到一个环面 T_0。对 $\forall z \in A(z_0, R^p) - O^-(z_0)$，一定存在唯一的点 $x = R^{mp}(z) \in \Omega_0 \cup \partial U_0$，$m = 0, \pm 1, \pm 2, \cdots$. 因此我们定义自然投影映照 π_0: $A(z_0, R^p) - O^-(z_0) \to \Omega_0 \cup \partial U_0 \cong T_0$，$z \longmapsto x$. 这就表明 $\pi_0^{-1}(x) = O(x) = \{x_m = R^{mp}(x): m = 0, \pm 1, \pm 2, \cdots\}$. 根据没有临界点的假设，对 $\forall x_0 \in \Omega_0 \cup \partial U_0$，存在 x_0 的充分小邻域 $V_0 = D(x_0, \delta)$，使得对 $\forall z_m \in \pi^{-1}(x_0)$，有一个邻域 V_m，且 $R^m: V_m \to V_0$ 是共形映射，因此在 T_0 的自然诱导拓扑下，

$$\pi_0: A(z_0, R^p) - O^-(z_0) \to T_0$$

是全纯映射，且构成(非分支)覆盖曲面.

根据 Riemann 曲面论，平面域 $A(z_0, R^p) - O^-(z_0)$ 的边界多于 2 点，它的万有覆盖是单位圆，即

$$\pi_1: D(0,1) \to A(z_0, R^p) - O^-(z_0).$$

因此 $\pi_0 \circ \pi_1: D(0,1) \to T_0$ 是 T_0 的万有覆盖，即单位圆也是 T_0 的万有覆盖，但是，根据 Riemann 曲面论，环面的万有覆盖是平面 $\mathbf{C}$，这就得到矛盾. 这说明没有临界点的假设不成立，定理得证.

附注 从定理证明中，事实上有商空间表示式

$$(A(z_0, R^p) - O^-(z_0))/\sim \simeq T_0.$$

如果等价关系是由 R 定义的，则

$$(A(O^+(z_0), R) - O^-(z_0))/\sim \simeq T_0.$$

但是根据定理 $A(O^+(z_0), R) - O^-(z_0)$ 有分支点，设为 k 个，设对应的 k 个等价类，即临界大轨道为 $O(c_i)(i = 1, \cdots, k)$，$c_i \in \Omega_0 \cup \partial U_0 = T_0$，则可以定义自然投影

$$\pi: (A(O^+(z_0), R) - O^-(z_0)) \to T_0.$$

这是一个分支覆盖，分支点则是在 $\pi^{-1}(c_i)$ 上的 R 的临界点，按定理的证明，可以得到

$$\left(A(O^+(z_0), R) - O^-(z_0) - \bigcup_{i=1}^{k} O(c_i)\right) \Big/ \sim \simeq T_0 - \bigcup_{i=1}^{k} c_i,$$

这里 $k \geqslant 1$.

现在讨论超吸性循环的局部动力学性质。

定理 4.4 设 $O^+(z_0)=\{z_0, z_1=R(z_0), \cdots, z_{p-1}=R^{p-1}(z_0)\}$ 为超吸性周期循环，周期为 p，$\lambda=(R^p)'(z_0)=0$，在 z_0 点的邻域内

$$R^p(z)=z_0+a_k(z-z_0)^k+a_{k+1}(z-z_0)^{k+1}+\cdots$$

其中 $k\geqslant 2$，$a_k\neq 0$. 则存在 z_0 的邻域 U_0，及共形映射 ϕ_0: $U_0\to D(0,r)$；$\phi(z_0)=0$，$\phi'(z_0)=1$，使得 $\phi\circ R^p\circ\phi^{-1}$: $D(0,r)\to D(0,r)$，$\zeta\longmapsto\zeta^k$，即有交换图表：

$$\begin{array}{ccc} U_0 & \xrightarrow{R^p} & U_0 \\ \phi\downarrow & & \downarrow\phi \\ D(0,r) & \xrightarrow[\zeta\mapsto\zeta^k]{} & D(0,r). \end{array}$$

证明 为了书写简单，用 R 代替 R^p，且共轭变换后，假定 $z_0=0$，这时在 O 的邻域内有

$$R(z)=a_kz^k+a_{k+1}z^{k+1}+\cdots$$

再作共轭变换 $M(z)=a_k^{\frac{1}{k-1}}z$，用 $M\circ R\circ M^{-1}$ 代替 R，则 R 有展开式

$$R(z)=z^k+b_{k+1}z^{k+1}+\cdots$$

我们只要证明，对这种 R 有定理要求的交换图表.

取 O 点充分小的邻域 $U=D(0,\delta)$，使得

$$\overline{R(U)}\subset U,\quad \overline{R^n(U)}\subset U.$$

令 $\phi_n(z)=[R^n(z)]^{\frac{1}{k^n}}$，$\phi_n(z)$ 是取定的一个单值分支，使得有 $\phi_n(0)=0$，$\phi_n'(0)=1$. 我们有

$$\phi_{n+1}(z)=R^n(R(z))^{\frac{1}{k^{n+1}}}=(\phi_n(R(z)))^{\frac{1}{k}}.$$

如果证明 ϕ_n 在 U 内一致收敛于 ϕ，则有 $\phi\circ R(z)=(\phi(z))^k$，且 $\phi(0)=0$，$\phi'(0)=1$.

现在证明 ϕ_n 在 U 内一致收敛. 令

$$H(z)=\frac{\phi_1(z)}{z}=\frac{[R(z)]^{\frac{1}{k}}}{z},\quad H(0)=1,$$

则有

$$\frac{\phi_{n+1}(z)}{\phi_n(z)}=\frac{[R\circ R^n(z)]^{\frac{1}{k^{n+1}}}}{[R^n(z)]^{\frac{1}{k^n}}}=[H(R^n(z))]^{\frac{1}{k^n}},$$

$$\phi_{n+1}(z)=z[H(R(z))]^{\frac{1}{k}}[H(R^2(z))]^{\frac{1}{k^2}}\cdots[H(R^n(z))]^{\frac{1}{k^n}}.$$

因而 ϕ_n 的一致收敛性，归结为证明无穷乘积

$$\prod_{n=1}^{\infty}[H(R^n(z))]^{\frac{1}{k^n}}$$

在U内一致收敛，而又等价于无穷级数

$$\sum_{n=1}^{\infty}\frac{1}{k^n}\log[1+(H(R^n(z))-1)]$$

的一致收敛性．根据不等式，当$|\alpha|<\frac{1}{2}$ 时，

$$|\log(1+\alpha)|\leqslant 2|\alpha|.$$

假定 U_0 已取得充分小，使得当 $z\in U$ 时，$|H(z)-1|<1/2$，因而 $|H(R^n(z))-1|\leqslant 1/2$．因此

$$\frac{1}{k^n}|\log[1+(H(R^n(z))-1)]|$$

$$\leqslant\frac{1}{k^n}\cdot 2|H(R^n(z))-1|\leqslant\frac{1}{k^n},$$

而 $k\geqslant 2$，因此上面的无穷级数在U内一致收敛．

取充分小的圆 $D(0,r)$，$U_0=\phi^{-1}(D(0,r))$，使得 $\phi:U_0\to D(0,r)$ 是共形映射，则有 $\phi\circ R\circ\phi^{-1}$: $D(0,r)\to D(0,r)$，$\zeta\longmapsto\zeta^k$．再回到 R^p，则可得到定理的证明．

根据定理 4.3，同样可以定义超吸性循环 $O^+(z_0)$ 的超吸性域为

$$A(z_0,R^p)=\bigcup_{n\geqslant 0}R^{-np}(U_0).$$

$A(z_0,R^p)$ 是 $F(R)$ 的稳定域．而超吸性循环域同样定义为

$$A(O^+(z_0),R)=\bigcup_{\lambda=0}^{p-1}R^i(A(z_0,R^p)).$$

§5. 有理中性周期轨道的局部动力学性质，Fatou 花瓣定理

首先我们证明，有理函数 $R:\hat{\mathbb{C}}\to\hat{\mathbb{C}}$ 的有理中性周期点一定在 $J(R)$ 上。

定理 5.1 设 z_0 为 R 的周期为 p 的有理中性周期点，特征值 λ 是 1 的 q 次原根，$\lambda^q=1$，则 z_0 及 $O^+(z_0)\in J(R)$.

证明 不妨设 $z_0=0$，且用 R 代替 R^{pq} 时不妨设 O 为 R 的有理中性不动点，特征值 $\lambda=R'(0)=1$. 这时在 O 点邻域内有表示式

$$R^n(z)=z+na_\nu z^\nu+\cdots,\quad n=1,2,\cdots,$$

其中 $a_\nu\neq 0$. 根据 $R^n(0)=0,(R^n)^{(\nu)}(0)=na_\nu\to\infty,n\to\infty$. 可以看出 R^n 在 O 点邻域是不正规的，因此 O 及对应的 z_0 是不正规点. z_0 及 $O^+(z_0)\in J(R)$. 定理得证.

现在我们建立 Fatou 花瓣定理.

考虑定义于 O 点邻域内的全纯函数

$$f(z)=\lambda z+a_2z^2+\cdots,$$

其中 O 是 f 的不动点，特征值 $\lambda=f'(0)$ 为 1 的 q 次原根，$\lambda^q=1$.

$\lambda=1$ 的情况. 这时在充分小的邻域 $U=D(0,\delta)$ 内，设

$$f(z)=z+az^\nu+O(z^{\nu+1})=z(1+az^{\nu-1}+O(z^\nu)),$$

其中 $a\neq 0$，$\nu\geqslant 2$ 称为不动点 O 的重级.

定义 O 点的吸性轴为 $\{z\in\mathbb{C}:az^{\nu-1}\in\mathbb{R}_+\}$，斥性轴为 $\{z\in\mathbb{C}:az^{\nu-1}\in\mathbb{R}_-\}$.

吸性轴共有 $\nu-1$ 条，相邻的交角为 $2\pi/(\nu-1)$，斥性轴也有 $\nu-1$ 条，相邻的交角也是 $2\pi/(\nu-1)$，吸性轴与相邻斥性轴的交角为 $\pi/(\nu-1)$.

现在我们来构造花瓣.

作变换 $h:D(0,\delta)\to D^*=\mathbb{C}-D(0,R)$，$z\longmapsto\zeta=h(z)=$

$(-1)/[(v-1)az^{v-1}]$，其中 $R=[(v-1)\cdot|a|\cdot\delta^{v-1}]^{-1}$，$h$ 把 $D(0,\delta)$ 单叶全纯映射为 D^* 的 $v-1$ 叶覆盖曲面，仅以 ∞ 为 $v-1$ 级分支点。h 把吸性轴映为 $\mathbf{R}_+$，斥性轴映为 $\mathbf{R}_-$，而在 $D^*-\mathbf{R}_-$，或者在 $D^*-\mathbf{R}_+$ 内，h 都存在 $v-1$ 个单值且单叶的反函数分支，我们都记之为 h^{-1}，

$$z=h^{-1}(\zeta)=\left(\frac{-1}{(v-1)a\zeta}\right)^{\frac{1}{v-1}}.$$

作共轭变换，f 共轴于 $g=h\circ f\circ h^{-1}$。这时，

$$\begin{aligned}h\circ f(z)&=\frac{-1}{(v-1)a(f(z))^{v-1}}\\&=\frac{1}{(v-1)az^{v-1}}\cdot\frac{1}{(1+az^{v-1}+O(z^v))^{v-1}}\\&=\frac{-1}{(v-1)az^{v-1}}[1-(v-1)az^{v-1}+O(z^v)].\end{aligned}$$

用 $z=h^{-1}(\zeta)$ 变换后，得到

$$\begin{aligned}g(\zeta)=h\circ f\circ h^{-}(\zeta)&=\zeta\left(1+\frac{1}{\zeta}+O(\zeta^{-\frac{v}{v-1}})\right)\\&=\zeta+1+O(\zeta^{-\frac{1}{v-1}}).\end{aligned}$$

$g(\zeta)$ 是定义于∞的邻域 D^* 内的 $v-1$ 值函数。

令 $H_\tau=\{\zeta\in\mathbf{C}:\mathrm{Re}\zeta>\tau\}$，$H_{-\tau}=\{\zeta\in\mathbf{C}:\mathrm{Re}\zeta<-\tau\}$，其中 $\tau>0$ 是充分大的数，在以后 τ 每次出现时不一定是同一值。

在 H_τ 或 $H_{-\tau}$ 内，$g(\zeta)$ 存在 $v-1$ 个单值且单叶全纯的函数分支，都记之为 $g(\zeta)$，且有

$$g(\zeta)=\zeta+1+O(\zeta^{-\frac{1}{v-1}}),$$

我们称 H_τ 为对应分支 $g(\zeta)$ 的吸性花瓣，$H_{-\tau}$ 为斥性花瓣。

在 H_τ 内，$g(\zeta)$ 单叶全纯，且有 $\mathrm{Re}g(\zeta)>\mathrm{Re}\zeta+\frac{1}{2}$，注意这里 τ 是充分大的。因此

$$\mathrm{Re}g^{n+1}(\zeta)>\mathrm{Re}g^n(\zeta)+\frac{1}{2},\ \mathrm{Re}g^n(\zeta)>\mathrm{Re}\zeta+\frac{n}{2},$$

由此推出，在 H_τ 内 $\operatorname{Re}g^n(\zeta) > \operatorname{Re}\zeta + \frac{n}{2}$，因而 $\operatorname{Re}g^n(\zeta) \to \infty$，$g^n(\zeta) \to \infty$，且收敛在 H_τ 内局部一致，另外在 H_τ 内我们有

$$|\operatorname{Im}g(\zeta)| < |\operatorname{Im}\zeta| + M\frac{1}{(\operatorname{Re}\zeta)^{\frac{1}{v-1}}},$$

其中$M > 0$为常数。根据上面估计，可得到

$$|\operatorname{Im}g^m(\zeta)| \leqslant |\operatorname{Im}\zeta| + M\sum_{k=0}^{n-1}\frac{1}{\left(\operatorname{Re}\zeta + \frac{k}{2}\right)^{\frac{1}{v-1}}}.$$

另外，我们有

$$\operatorname{Re}g^n(\zeta) > \tau + \frac{n}{2},$$

因此

$$\lim_{n\to\infty}\left|\frac{\operatorname{Im}g^n(\zeta)}{\operatorname{Re}g^n(\zeta)}\right| \leqslant M'\lim_{n\to\infty}\frac{\displaystyle\sum_{k=0}^{n-1}\frac{1}{\left(\tau+\frac{k}{2}\right)^{\frac{1}{v-1}}}}{n}$$

$$= \lim_{n\to\infty}M'\cdot\frac{1}{\left(\tau+\frac{n}{2}\right)^{\frac{1}{v-1}}} = 0.$$

这就说明，当 $n\to\infty$ 时，对 $\forall\zeta\in H_\tau$，$\operatorname{Arg}g^n(\zeta)\to 0$，即 $g^n(\zeta)$ 切于吸性轴 $\mathbf{R}_+$ 而趋于∞。总之，对于吸性花瓣有性质：

H1. g 在 H_τ 内单叶全纯，$\overline{g(H_\tau)}\subset H_\tau\cup\{\infty\}$.

H2. 在 H_τ 内，$\operatorname{Re}g^n(\zeta), g^n(\zeta)\to\infty, n\to\infty$，且收敛在 H_τ 内局部一致。另外对 $\forall\zeta\in H_\tau$，$g^n(\zeta)\to\infty$ 时切于吸性轴 $\mathbf{R}_+$.

现在考虑在斥性花瓣 $H_{-\tau}$ 的单值单叶全纯分支.

$$g(\zeta) = \zeta + 1 + O(\zeta^{-\frac{1}{v-1}}),$$

由于$\zeta\to\infty$ 时，$g(\zeta)\sim\zeta$，因而 g 在 $H_{-\tau}$ 的反函数 g^{-1} 在 $H_{-\tau}$ 内也有

$$g^{-1}(\zeta) = \zeta - 1 + O(\zeta^{-\frac{1}{v-1}}).$$

因此，$\mathrm{Re}g^{-1}(\zeta) < \mathrm{Re}\zeta - \frac{1}{2}$，$|\mathrm{Im}\, g^{-1}(\zeta) - \mathrm{Im}\,\zeta| = O\left(\left|\mathrm{Re}\,\zeta - \frac{1}{2}\right|^{-\frac{1}{v-1}}\right)$. 类似于在 H_τ 的情况，我们可以得到斥性花瓣 $H_{-\tau}$ 具有性质：

$\mathrm{H}^{-1}1$. g^{-1} 在 $H_{-\tau}$ 内单叶全纯，$\overline{g^{-1}(H_{-\tau})} \subset H_{-\tau} \cup \{\infty\}$，

$\mathrm{H}^{-1}2$. 在 $H_{-\tau}$ 内，当 $n \to \infty$ 时，

$$\mathrm{Re}g^{-n}(\zeta) \to -\infty,\ g^{-n}(\zeta) \to \infty,$$

且收敛在 $H_{-\tau}$ 内局部一致. 对 $\forall \zeta \in H_{-\tau}$，$g^{-n}(\zeta) \to \infty$ 时切于斥性轴 $\mathbb{R}_-$.

现在，构造 $f(z)$ 在 O 点的 $v-1$ 个吸性花瓣.

h^{-1} 在 H_τ 有 $v-1$ 个单值单叶全纯分支，记为 h_i^{-1}，$0 \leqslant i \leqslant v-2$，定义 $P_i = h_i^{-1}(H_\tau)$. P_i 具有几何性质：P_i 是 Jordan 域，$0 \in \partial P_i$，$\partial P_i - \{0\}$ 是解析曲线，∂P_i 在 O 点的交角为 $\pi/(v-1)$，P_i 包含一条吸性轴，吸性轴与 ∂P_i 在 O 点的 2 个交角都是 $\pi/2(v-1)$，具有这种性质的 P_i 称为吸性花瓣，O 点称为中心.

对应 H1，H2，对于 P_i，$0 \leqslant i \leqslant v-2$，有

P1. f 在 P_i 单叶全纯，$\overline{f(P_i)} \subset P_i \cup \{0\}$，

P2. 在 P_i 内，当 $n \to \infty$ 时，$f^n(z) \to 0$，且收敛局部一致，另外对 $\forall z \in P_i$，$f^n(z) \to 0$ 时切于 P_i 的吸性轴.

同法，我们可以定义斥性花瓣为 $P_i^{-1} = h_i^{-1}(H_{-\tau})$，$0 \leqslant i \leqslant v-2$.

$v-1$ 个斥性花瓣 P_i^{-1}，具有与 P_i 相同的几何性质，其中的吸性改为斥性.

$\mathrm{P}^{-1}1$. f^{-1} 在 P_i^{-1} 单叶全纯，$\overline{f^{-1}(P_i^{-1})} \subset P_i^{-1} \cup \{0\}$.

$\mathrm{P}^{-1}2$. 在 P_i^{-1} 内，当 $n \to \infty$ 时，$f^n(z) \to 0$，且收敛局部一致. 另外对 $z \subset P_i^{-1}$，$f^{-n}(z) \to 0$ 时切于斥性轴.

总结之，得到下面的 Fatou 花瓣定理.

定理 5.2 当 $\lambda = 1$ 时，$f(z)$ 以不动点 O 为中心有 $v-1$ 个

吸性花瓣 P_i，$0 \leqslant i \leqslant v-2$，具有吸性花瓣几何性质，及 P1，P2. 有 $v-1$ 个斥性花瓣 P_i^{-1}，$0 \leqslant i \leqslant v-2$，具有花瓣几何性质，及 P_1^{-1}，P_2^{-1}，其中吸性花瓣必与两个相邻斥性花瓣在中心 O 相切.

$v \geqslant 2$ 为 f 在不动点 O 的重级.

现在讨论 $\lambda^q = 1$ 的情况.

设 $f(0)=0$，$f'(0)=\lambda$，λ 为 1 的 q 次原根，$\lambda^q=1$，考虑 f^q，则在 O 点的邻域内，

$$f^q(z) = z + az^v + O(z^{v+1}),$$

其中 $v \geqslant 2$ 为 f^q 在 O 点的重级. 设在充分小的邻域 $D(0,\delta)$ 内 f 与 f^q 单叶全纯，则根据上述定理 5.2，对于 f^q 在 $D(0,\delta)$ 内，存在以 O 为心的 $v-1$ 个吸性花瓣及 $v-1$ 个斥性花瓣，分别记为 $\{P_i\}$ $\{P_i^-\}$，$0 \leqslant i \leqslant 2$，对 f^q 满足定理的性质. 下面我们对 $\{P_i\}$ 分组.

对 $\forall P_i, f$ 在 P_i 单叶全纯，f^q 在 P_i 单叶全纯且

$$\overline{f^q(P_i)} \subset P_i \cup \{0\}.$$

我们注意到:

对 $\forall P_i \in \{P_i\}$，及 $0 \leqslant j \leqslant q-1$，$f^j(P_i)$ 具有吸性花瓣性质，且存在唯一的 $P_i \in \{P_i\}$，使得 $f^j(P_i) \cap P_i \neq \varnothing$.

根据这一性质，首先取定 $P_i \in \{P_i\}$，记 P_i 为 $P_{1,0}$，对 $0 \leqslant j \leqslant q-1$，记 $P_{1,j} = f^j(P_{1,0})$ 替代 $\{P_i\}$ 中与之相交的花瓣，我们得新花瓣组 $\{P_{i,j}\}$，$0 \leqslant j \leqslant q-1$，记

$$\{P_i\} - \{P_{1,j}\} = \{P_i\}_1.$$

对 $\{P_i\}_1$，类似地替换，得 $\{P_{2,j}\}$，$0 \leqslant j \leqslant q-1$，记 $\{P_i\}_1 - \{P_{2,j}\}$ 为 $\{P_i\}_2$，对 $\{P_i\}_2$ 再做替换，如此继续，经 s 步之后，我们便得到 s 组吸性花瓣 $\{P_{i,j}\}$，$i=1,2,\cdots,s$，$j=0,1,\cdots,q-1$，使得 $P_{i,j}=f^j(P_{i,0})$，$0 \leqslant j \leqslant q-1$.

同样，对斥性花瓣 $\{P_i^{-1}\}$ 进行替换分组，得到 sq 个斥性花瓣 $\{P_{i,j}^{-1}\}$，$i=1,2,\cdots,s$，$j=0,1,2,\cdots,q-1$，使得 $P_{i,j}^{-1} = f^j(P_{i,0}^{-1})$.

下面是 $\lambda^q=1,\lambda$ 是 q 次原根时的 Fatou 花瓣定理。

定理 5.3 f 的特征值 λ 是 1 的 q 次原根时，存在正整数 s,f 有以 O 为心的 sq 个吸性花瓣 $\{P_{i,j}\}$ 及 sq 个斥性花瓣 $\{P_{i,j}^-\}$，$1\leqslant i\leqslant s$，$0\leqslant j\leqslant q-1$，满足上述性质，并对 f^q 满足定理 5.2 中的花瓣性质。

现在讨论有理函数 $R:\hat{\mathbb{C}}\to\hat{\mathbb{C}}$ 的有理中性不动点的局部动力学性质。

设 z_0 为 R 的有理中性不动点，$R(z_0)=z_0$，$\lambda=R'(z_0)=e^{2\pi i\frac{m}{q}}$，$0<m\leqslant q$，即 λ 为 1 的 q 次原根。作共轭变换 $M(z)=z-z_0$ 后，R 共轭于 $M\circ R\circ M^{-1}$，这时应用定理 5.3，则在 z_0 的邻域内，R^q 有 sq 个吸性花瓣以 z_0 为中心：$\{P_{i,j}\}$，$1\leqslant i\leqslant s$，$0\leqslant j\leqslant q-1$，其中对固定的 $1\leqslant i\leqslant s$，有 $P_{i,j}=R^j(P_{i,0})$，$j=0,1,\cdots,q-1$，$\overline{R^q(P_{i,0})}\subset P_{i,0}\cup\{z_0\}$，称 $\{P_{i,j}\}$，$i=0,1,\cdots,q-1$，为一组吸性花瓣循环，显然，根据 Montel 定理，每组吸性花瓣循环包含于 Fatou 集 $F(R)$ 内。

对每组吸性花瓣循环 $\{P_{i,j}\}$ 定义 $P_{i,j}$ 的(直接)吸性域为

$$A_{i,j}(z_0,R^q)=\bigcup_{n\geqslant 0}R^{-qn}(P_{i,j}),$$

其中 $R^{-qn}(P_{i,j})$ 仅取其中包含 $P_{i,j}$ 的连通分支。跟吸性不动点情况一样，容易证明，$A_{i,j}(z_0,R^q)$ 是 $F(R)$ 的连通分支，即稳定域。因此，有稳定域循环 $\{A_{i,j}(z_0,R^q)\}$，其中 $A_{i,j}(z_0,R^q)=R^j(A_{i,0}(z_0,R^q))$，$R^q(A_{i,0}(z_0,R^q))=A_{i,0}(z_0,R^q)$。共有 s 组吸性循环域。

定理 5.4 在上面的假设下，恰好存在 s 组循环域，对 $i=1,2,\cdots,s$，$A_{i,j}(z_0)=A_{i,j}(z_0,R^q)=R^j(A_{i,0}(z_0,R^q))$，$0\leqslant j\leqslant q-1$。使得在每个 $A_{i,j}(z_0)$ 内，当 $n\to\infty$ 时，$R^n(z)\to z_0$，且收敛局部一致。

而且每组循环域 $\{A_{i,j}(z_0)\}$，$j=0,1,\cdots,q-1$，包含 R 的临界点。

具有这种性质的稳定域 $A_{i,j}(z_0)$ 称为抛物型域。

证明 我们只要证明 $A_{i,0}(z_0)=A_{i,0}(z_0,R^q)$ 包含有 R^q 的临界点,因为这时循环域 $A_{i,j}$, $j=0,1,\cdots,q-1$, 一定包含 R 的临界点.

假定 $A_{i,0}$ 内没有 R^q 的临界点,如定理 4.3 的证法,我们要导出矛盾.

定义大轨道等价关系~,$\forall x$, $y\in A_{i,0}$, $x\sim y$ 当且仅当存在 $m,n>0$, 使得 $R^{mq}(x)=R^{nq}(y)$. x 的等价类记为 $O(x)$. 回忆一下,R^q: $P_{i,j}\to P^1_{i,j}=R^q(R_{ij})$ 是单叶全纯函数. 设 $\gamma_0=\partial P_{i,j}-\{z_0\}$, $\gamma_1=\partial P^1_{i,j}-\{z_0\}$, 则 γ_0 与 γ_1 是解析 Jordan 曲线,且 $R^q(\gamma_0)=\gamma_1$. 令 $U_0=(P_{i,j}-P^1_{i,j})\cup\gamma_0$, 则 U_0 内的任意两点不等价,而 $A_{i,j}$ 中的点等价于 U_0 内的唯一的一个点,恒等 γ_0 与 γ_1 的等价点而成为一个 Riemann 曲面,拓扑等价于球面除去两点,记为 $s^2-\{a,b\}$. 现在完全跟证明定理 4.3 一样,定义自然投影映照 $\pi_0:z\longmapsto O(z)$, 使得 π_0: $A_{i,0}\to s^2-\{a,b\}$ 是一个非分支覆盖,另外由于 $\partial A_{i,0}$ 多于 3 个点,$A_{i,0}$ 的万有覆盖 π_1: $D(0,1)\to A_{i,0}$ 是单位圆 $D(0,1)$, 因此 $s^2-\{a,b\}$ 的万有覆盖 $\pi_0\circ\pi_1:D(0,1)\to s^2-\{a,b\}$ 也是单位圆 $D(0,1)$. 这就得到矛盾,因为根据 Riemann 曲面论,$s^2-\{a,b\}$ 的万有覆盖应是平面 $\mathbf{C}$. 无临界点假设不成立,定理得证.

一般情况,设 z_0 为 R 的周期为 p 的有理中性周期点,对 z_0 的循环 $O^+(z_0)=\{z_0,\ z_1=R(z_0),\cdots,z_{p-1}=R^{p-1}(z_0)\}$, 特征值 $\lambda=(R^p)'(z_0)$ 为 1 的 q 次原根,即 $\lambda^q=1$, 对于有理中性周期点 z_0, 在上面假设下,对 R^{pq} 应用定理 5.2, 在 $O^+(z_0)$ 充分小的邻域内,存在 s 组吸性花瓣,对 $1\leqslant i\leqslant s$, 每组花瓣记为

$$\{P_{i,j}(z_k)\},\ j=0,1,\cdots,q-1;\ k=0,1,\cdots,p-1;$$

其中 $P_{i,j}(z_k)$ 中心为 z_k, 满足

$$R^k(P_{i,j}(z_0))=P_{i,j}(z_k),\quad R^{pq}(P_{i,0}(z_0))\subset P_{i,0}(z_0).$$

现在,按照这 s 组循环花瓣,定义对应的吸性循环域.

对 $1\leqslant i\leqslant s$, 定义吸性域

$$A_{i,0}(z_0)=\bigcup_{n\geq 0} R^{-npq}(P_{i,0}(z_0)),$$

其中 $R^{-npq}(P_{i,0}(z_0))$ 仅取包含 $P_{i,0}(z_0)$ 的(连通)分支. 利用 Montel 定理,容易证明 $A_{i,0}(z_0)$ 是 $F(R)$ 的分支,即稳定域,再定义 s 组吸性循环域为

$$\begin{cases}A_{i,j}(z_k)=R^{j+k}(A_{i,0}(z_0))\},\ j=0,1,\cdots,q-1;\\ k=0,1,\cdots,p-1.\end{cases}$$

因而我们可得结论: 在上面假设下,存在 s 组中性吸性循环域. 而且同样可证,每组中性吸性循环域包含有 R 的临界点.

§6. 无理中性周期点, Siegel 圆与 Cremer 点

在无理中性周期点的邻域内局部动力学性质比较复杂,而且还存在着一些未解决的问题.

设 R: $\hat{\mathbb{C}}\to\hat{\mathbb{C}}$ 为有理函数, z_0 是周期为 p 的周期点, $z_0=R^p(z_0)$, $\lambda=(R^p)'(z_0)=e^{2\pi i\alpha}$, $\alpha\in\mathbb{R}-\mathbb{Q}$,$\mathbb{Q}$ 为有理数集,

$$O^+(z_0)=\{z_0,z_1=R(z_0),\cdots,z_{p-1}=R^{p-1}(z_0)\}.$$

问题是 λ 在什么条件下, $z_0\in F(R)$. 这问题归结为是否存在一个小邻域 U, 及共形映照 $\phi,U\to D(0,r),\phi(z_0)=0$, $\phi'(z_0)=1$, 使得有交换图表:

$$\begin{array}{ccc} U & \xrightarrow{R^p} & U \\ \phi\downarrow & & \downarrow\phi \\ D(0,r) & \xrightarrow[\zeta\to\lambda\zeta]{} & D(0,r) \end{array},$$

此即 ϕ 满足 Schroder 函数方程 (SFE)

$$\phi\circ R^p(z)=\lambda\phi(z).$$

这时,我们称方程 (SFE) 可解.

定理 6.1 无理中性周期点 $z_0\in F(R)$ 当且仅当方程 (SFE) 在 z_0 的邻域内可解.

证明 我们只证明不动点 z_0 的情况就足够了,这时 (SFE) 方

程为

$$\phi\circ R(z) = \lambda\phi(z).$$

定理的充分性证明较为简单，因为这时根据交换图表，在 z_0 的邻域 U 内，有 $R(U)=U$，$R^n(U)=U$. $\{R^n\}$ 在 U 内是有界族,因而根据 Montel 定理，$\{R^n\}$ 在 U 正规，$z_0\in F(R)$.

必要性的证明,证明的主要思想参考 [Bl].

假设 $z_0\in F(R)$，$\{R^k\}$ 在 z_0 的邻域 U 内正规. 经共轭后设 $z_0=0$. 作函数序列

$$\phi_n(z) = \frac{1}{n}\sum_{k=0}^{n-1}\frac{R^k(z)}{\lambda^k},$$

则 ϕ_n 在 U 内全纯，且有 $\phi_n(0)=0$，$\phi_n'(0)=1$. 我们要证明 $\{\phi_n\}$ 在 U 内正规. 由于 R^k 在 U 内正规，因此在 $\overline{U}_0\subset U$ 内等度连续. 对 $\forall z_1$, $z_2\in U_0$，对 $\varepsilon>0$，存在 $\delta>0$，使得当 $|z_1-z_2|<\delta$ 时,对 $\forall R^k$ 有

$$|R^k(z_1)-R^k(z_2)|<\varepsilon, |R^k(z_1)|<\varepsilon.$$

因而对 $\forall\phi_n$ 有

$$|\phi_n(z_1)-\phi_n(z_2)| \leqslant \frac{1}{n}\sum_{k=0}^{n-1}|R^k(z_1)-R^k(z_2)|<\varepsilon,$$

此即 $\{\phi_n\}$ 在 U_0 等度连续,另外，由于 $\phi_n(0)=0$，$|\phi_n(z)|<\varepsilon$，即 ϕ_n 一致有界。根据正规族等价定义，ϕ_n 在 U_0 正规.

现在根据 ϕ_n 的定义,我们有

$$\phi_{n+1}(z) = \frac{n}{n+1}\phi_n(z) + \frac{R^n(z)}{(n+1)\lambda^n}.$$

取一子序列 ϕ_{nj} 在 U_0 内一致收敛于 ϕ，则根据上式，ϕ_{nj+1} 也在 U 内一致收敛于 ϕ，且 $\phi(0)=0$，$\phi'(0)=1$，再根据由 ϕ_n 的定义得到的等式

$$\phi_n\circ R(z) = \frac{n+1}{n}\lambda\phi_{n+1}(z) - \frac{\lambda z}{n},$$

代入 ϕ_{nj} 后取极限则得到 $\phi\circ R(z)=\lambda\phi(z)$. 这说明 (SFE) 方程在 O 的邻域内因而在 z_0 的邻域内可解,定理必要性得证.

根据这一定理，由于有理中性周期点 $z_0 \in J(R)$，因而对有理中性周期点，方程（SFE）不可解。

设 z_0 为 R 的不动点，特征值 $\lambda = R'(z) = e^{2\pi i\alpha}$，$\alpha \in (0,1) - \mathbb{Q}$。根据 [Si] 及 [SM]，存在一个集 $\Lambda \subset (0,1)$，使得当 $\alpha \in \Lambda$ 时，对应的 $z_0 \in F$，即在 z_0 邻域内方程（SFE）可解，而且 $\mathrm{mes}(\Lambda) = 1$。

下面是 Siegel 中心定理，证明较长，将略去。

定理 设 z_0 为不动点，特征值 $\lambda = e^{2\pi i\alpha}$，$\alpha \in \mathbb{R} - \mathbb{Q}$。如果存在常数 $\delta > 0$ 及 $\varepsilon > 0$，使得对任意 p、q，$q \geqslant 1$ 有

$$\left|\alpha - \frac{p}{q}\right| > \frac{\delta}{q^{\varepsilon}},$$

则在 z_0 邻域内方程（SFE）可解。

定义 6.1 设 z_0 为 R 的不动点，$\lambda = R'(z_0) = e^{2\pi i\alpha}$，$\alpha \in (0,1) - \mathbb{Q}$，则如果 $z_0 \in F(R)$，则 z_0 称为 Siegel 点，如果 $z_0 \in J(R)$，则 z_0 称为 Cremer 点。

[Cr2] 中的例子，设多项式族

$$P_\lambda(z) = \lambda z + z^2 + \cdots + z^d,$$

O 是不动点，$\lambda = e^{2\pi i\alpha}$，$\alpha \in (0,1) - \mathbb{Q}$，设

$\Lambda_c = \left\{\alpha \in (0,1) - \mathbb{Q};\ 存在无穷多个\ n，使得\ |\lambda^n - 1| \leqslant \left(\frac{1}{n}\right)^{d^{n-1}}\right\}$。则可以证明（参考 [Bl]）当 $\alpha \in \Lambda_c$ 时，P_λ 的不动点 $O \in J(P_\lambda)$，而且 Λ_c 在 $(0,1)$ 稠密。

根据 Λ 的定义，$\Lambda_c \subset (0,1) - \mathbb{Q} - \Lambda$，如何更精确地描述 Λ，是一个尚待进一步研究的问题。

设 z_0 为 R 的不动点，$\lambda = R'(z_0) = e^{2\pi i\alpha}$，$\alpha \in \mathbb{R} - \mathbb{Q}$，且 $z_0 \in F(R)$，即 z_0 是 Siegel 点。$D(z_0)$ 为 $F(R)$ 的包含 z_0 的分支，即稳定域，则有下面定理。

定理 6.2 $D(z_0)$ 是单连通域，且存在共形映射 ϕ: $D(z_0) \to D(0,1)$，$\phi(z_0) = 0$，使得有交换图表：

$$\begin{array}{ccc} D(z_0) & \xrightarrow{R} & D(z_0) \\ \phi\big\downarrow & & \big\downarrow\phi \\ D(0,1) & \xrightarrow[\zeta\mapsto\lambda\zeta]{} & D(0,1) \end{array}.$$

证明 注意到 $\partial D(z_0)\subset J(R)$. $D(z_0)$ 的万有覆盖为 π: $D(0,1)\to D(z_0)$. 提升 R: $D(z_0)\to D(z_0)$ 为全纯函数 $\tilde{R}$: $D(0,1)\to D(0,1)$，使得有交换图表:

$$\begin{array}{ccc} D(0,1) & \xrightarrow{\tilde{R}} & D(0,1) \\ \pi\big\downarrow & & \big\downarrow\pi \\ D(z_0) & \xrightarrow[R]{} & D(z_0) \end{array}.$$

我们取 π，使得 $\pi(0)=z_0$，因而提升 R 使得 $\tilde{R}(0)=0$，且有 $\tilde{R}'(0)=\lambda$，这时由 Schwarz 引理得到 $\tilde{R}(\zeta)=\lambda\zeta$. 现在我们要证明 π 是一一映射，根据万有覆盖性质，只要证明 $\pi^{-1}(z_0)=0$，假定有 $\zeta\neq 0$，$\zeta\in\pi^{-1}(z_0)$，则由于提升 $\tilde{R}$ 的性质，$\tilde{R}$ 把 $\pi^{-1}(z_0)$ 映为 $\pi^{-1}(z_0)$，因而 $\tilde{R}(\zeta)=\lambda\zeta\in\pi^{-1}(z_0)$，且对 $\forall n$ 有 $\lambda^n\zeta\in\pi^{-1}(0)$. 注意到 $\lambda=e^{2\pi i\alpha}$，$\alpha\in\mathbb{R}-\mathbb{Q}$，$\lambda^n\zeta\in\pi^{-1}(z_0)$ 组成一个稠密子集，但 $\pi^{-1}(z_0)$ 是由孤立点组成，这就得到矛盾. 这说明 $\pi^{-1}(z_0)=\{0\}$，π 是一一映射，令 $\phi=\pi^{-1}$，则合乎定理要求.

定义 6.2 $D(z_0)$ 称为以 z_0 为中心的 Siegel 图.

§7. 非斥性周期轨道个数的经典估计

我们已于 §4 中知道，对于每个吸性或超吸性周期轨道，对应有一个直接吸性或超吸性稳定域循环至少包含有 R 的一个临界点. 另外我们又已知道，R 的临界点总数 $\leqslant 2d-2$，$d=\deg(R)\geqslant 2$，因而我们有下面定理

定理 7.1 吸性及超吸性周期轨道的个数 $\leqslant 2d-2$.

关于中性周期循环个数的估计，经典方法是用下面的 R 的单参数族，

$$R_w(z) = R(z,w) = (1-w)R(z) + w, \quad |w| < \delta.$$

对于 w, $R(z, w)$ 是 z 的有理函数，$d = \deg(R) = \deg(R_w)$.

现在，设 R 有 N 个中性周期循环 $O^+(z_j)$，$1 \leqslant j \leqslant N$，其中 z_j 是周期为 n_j 的中性周期点，$\lambda_j(0) = (R^{n_j})'(z_j)$，$|\lambda_j(0)| = 1$.

考虑代数方程

$$F_j(z,w) = R^{n_j}(z,w) - z = 0,$$

根据代数方程解的存在性定理，由于 $F_j(z_j,0) = 0$，存在代数函数元素

$$\begin{cases} z = z_j(w_j), & z_j(0) = z_j \\ w = w_j^{m_j}, \end{cases}$$

其中 w_j 为参数，m_j 为正整数，使得 w_j 在 O 点的邻域内，

$$F_j(z_j(w_j), \ w_j^{m_j}) = 0.$$

设 m 为 $m_j(1 \leqslant j \leqslant N)$ 的最小公倍数，$p_j = m/m_j$. 作参数变换 $w = t^m$，则 $w_j = t^{p_j}$，而 N 个代数函数元素变为

$$\begin{cases} z = z_j(t), & z_j(0) = z_j \\ w = t^m, \end{cases}$$

满足方程

$$R^{n_j}(z_j(t), t^m) - z_j(t) = 0,$$

即在参数 $w = t^m$ 下，$z_j(t)$ 是 $R(z,w)$ 的周期为 n_j 的周期点，特征值为

$$\lambda_j(t) = \frac{\partial R^{n_j}}{\partial z}(z_j(t), t^m), \quad |\lambda_j(0)| = 1.$$

设在 $t = 0$ 的邻域内，

$$\lambda_j(t) = \lambda_j(0) + a_j t^{k_j} + \cdots, \quad |\lambda_j(0)| = 1,$$

其中 $a_j \neq 0$ 一定存在，否则 $\lambda_j(t) \equiv \lambda_j(0)$. 则在 $t = 0$ 的邻域内

$$\frac{\partial R^{n_j}}{\partial z}(z_j(t), t^j) - \lambda_j(0) = 0.$$

因此对于生成 $R^{n_j}(z,w) - z = 0$ 的 Riemann 曲面的任何函数元素 $(z(t), w(t))$，都有

$$\frac{\partial R^{n_j}}{\partial z}(z(t),w(t))-\lambda_j(0)=0.$$

但是 $(z,w)=(1,1)$ 满足前一方程，因而满足后一方程，但是

$$\frac{\partial R^{n_j}}{\partial z}(1,1)=0,$$

与 $\lambda_j(0)\neq 0$ 相矛盾.

引理 7.1 对N个定义于O点邻域内的全纯函数

$$\lambda_j(t)=\lambda_j(0)+a_jt^{k_j}+\cdots,\quad j=1,2,\cdots,N,$$

其中 $|\lambda_j(0)|=1$，$a_j\neq 0$，则在O点的任何邻域内，总存在 t 使得最少有 $[(N+1)/2]$ 个 $|\lambda_j(t)|<1$.

证明 设在充分小的 $D(0,R)$ 内，对 $1\leqslant j\leqslant N$，

$$\lambda_j(t)=\lambda_j(0)+a_jt^{k_j}+O(t^{k_j+1}).$$

令 $G_j=\{t\in D(0,R):|\lambda_j(t)|=1\}$，$0\in G_j$，再令

$$l_j=\{t\in D(0,R):|\lambda_j(t)+a_jt^{k_j}|=1\},$$

l_j 由 $2k_j$ 条由O点引出的曲线组成，且当 $r\to 0$ 时，G_j 渐近于l_j. 因此定义 $\delta_j(re^{i\theta})=\mathrm{Sign}\log|\lambda_j(re^{i\theta})|$，则当 $r\to 0$ 时，

$$\int_0^{2\pi}\delta_j(re^{i\theta})d\theta\to 0,$$

因而有

$$\int_0^{2\pi}\left(\sum_{j=1}^N\delta_j(re^{i\theta})\right)d\theta\to 0.$$

但是 $\sum\limits_{j=1}^N\delta_j(re^{i\theta})$ 为整数值函数，对任意小的 $r>0$，一定存在一段弧 $\{re^{i\theta}:\theta_1<\theta<\theta_2\}$，在这段弧上 $\sum\limits_{j=1}^N\delta_j(re^{i\theta})\leqslant 0$. 在这段弧上的点 $t=re^{i\theta}$ 最少有 $\left[\dfrac{N+1}{2}\right]$ 个 $\delta_j(t)<0$，从而 $|\lambda_j(t)|<1$，引理得证.

现在继续上面的讨论，对 $R(z)=R(z,0)$ 的N个周期为 n_i 的中性循环轨道 $O(z_j)$，在参数变换 $w=t^m$ 后，$R(z,w)$ 对应有N个周期为 n_j 的周期点 $z_j(t)$，特征值 $\lambda_j(t)$. 应用引理 7.1，

对任意小的 t 总存在最少 $[(N+1)/2]$ 个 $|\lambda_j(t)|<1$. 因此我们可得到下面结论:

对应于 $R(z)$ 的N个中性周期轨道，总存在任意小的 w，使得 $R(z,w)$ 最少有，$[(N+1)/2]$ 个吸性周期点轨道.

现在，我们从 $R(z)$ 的吸性或超吸性周期轨道出发，重复上面的过程讨论之，且不用引理 7.1，则可得到下面结论:

对应于R的M条吸性或超吸性周期轨道，对任意小的w，$R(z,w)$ 对应有M个吸性与超吸性周期轨道.

根据这两个结论，应用定理 7.1 于 $R(z, w)$，直接得到下面的定理.

定理 7.2 R的吸性、超吸性与中性的周期轨道总数 $\leqslant 4(d-1)$.

§8. 斥性周期点集

我们已经知道，Julia 集是一个完全集，斥性周期点集的极限点集包含于 Julia 集，在这一节我们要证明，这个极限点集正好是 Julia 集.

设 $R:\hat{\mathbb{C}}\to\hat{\mathbb{C}}$ 为有理函数，$d=\deg(R)\geqslant 2$，记R的所有周期点组成的集为 P. 首先我们证明下面定理.

定理 8.1 $J(R)=P'$，P' 是P的极限点集.

证明 我们要证明，对 $\forall w\in J(R)$ 及w的任何邻域 U，$(U-\{w\})\cap P\neq\varnothing$. 反证之，假若不然，则存在某一个邻域 U，使得 $(U-\{w\})\cap P=\varnothing$，我们要导出矛盾. 由于 $J(R)$ 是完全集及R与R^2 的临界值有有限多个，存在 $z_0\in J(R)$ 及 z_0 的邻域 $U_0\subset U-\{w\}$，使得 U_0 不包含 R^2 的临界值，这时在U_0内 $R^{-2}(z)$ 有 d^2 个单值分支，取其中三个记为 $I_1(z), I_2(z)$ 和 $I_3(z)$，使得在 U_0 内 $I_1(z)\neq I_2(z)\neq I_3(z)$. 作定义于$U_0$内的函数

$$g_n(z)=\frac{R^n(z)-I_1(z)}{R^n(z)-I_2(z)}\cdot\frac{I_3(z)-I_2(z)}{I_3(z)-I_1(z)},$$

因而

$$R^n(z) = I_2(z) + Q(z)\frac{I_2(z) - I_1(z)}{g_n(z) - Q(z)},$$

$$Q(z) = \frac{I_3(z) - I_2(z)}{I_3(z) - I_1(z)},$$

于是族 $\{R^n(z)\}$ 与 $\{g_n(z)\}$ 在 U_0 内同时是正规的或不正规的. 由于 $z_0 \in J(R)$, $\{R^n(z)\}$ 在 U_0 内不正规, 但是, 在 U_0 内 $g_n(z) \neq 0, 1, \infty$, 而根据 Montel 定理, $\{g_n(z)\}$ 在 U 内正规, 这就得到矛盾,因而定理得证.

根据定理 7.2, 我们知道,周期点集 P 中非斥性周期点只有有限多个,结合定理 8.1, 我们便得到下面的基本定理.

定理 8.2 $J(R)$ 是斥性周期点集的极限点集.

作为这定理的应用, 我们下面证明关于 Julia 集的局部性质的定理.

首先, 我们在 § 3 中知道 R 的例外点集 E 最多由 2 个吸性周期点组成,且对 $\forall z \in J(R)$, 及 z 的邻域 U,

$$\bigcup_{n=0}^{\infty} R^n(U) = \hat{\mathbb{C}} - E.$$

定理 8.3 设 $a \in J(R)$, U 为 a 的邻域. 则对任何给定的紧集 $A \subset \hat{\mathbb{C}}, A \cap E = \varnothing$,总存在 $N > 0$,使得 $n \geqslant N$ 时 $A \subset R^n(U)$.

因而如果 $D \subset \hat{\mathbb{C}}$ 为一个域, $D \cap J \neq \varnothing$, 则存在 $N > 0$,使得 $n \geqslant N$ 时 $J = R^n(D \cap J)$.

证明 我们证明第一个结论,后一结论令 $A = J(R)$ 即可得出.

根据定理 8.2, 存在周期为 p 的斥性周期点 a_0 及 a_0 的邻域 $U_0 \subset U$, 使得 $\overline{U}_0 \subset R^p(U_0)$. 我们只要证明, 对于给定的 A, 存在 $N > 0$ 使得当 $n \geqslant N$ 时 $A \subset R^n(U_0)$. 我们知道, 由 E 的定义及 $R^{mp}(z)$ 在 U_0 的非正规性,可得到

$$A \subset \hat{\mathbb{C}} - E \subset \bigcup_{m=0}^{\infty} R^{mp}(U_0),$$

其中 $R^{mp}(U_0) \subset R^{(m+1)p}(U_0)$. 对 $\forall z \in A$, 存在 z 的邻域 U_z 及

$N_z > 0$，使得当 $m > N_z$ 时 $U_z \subset R^{mp}(U_0)$. 对 A 应用有限覆盖定理，则可找到 $N_0 > 0$，使得当 $m \geqslant N_0$ 时，$A \subset R^{mp}(U_0)$.

用 R^{mp+j} 代替 R^{mp} 类似可证，存在 $N_j > 0$，使得当 $m > N_j$ 时 $A \subset R^{mp+j}(U_0)$，$j = 0,1,\cdots,p-1$. 于是总存在 $N > 0$，使得 $n > N$ 时，$A \subset R^n(U_0)$. 因而定理得证.

定理 8.4 如果 $J(R) \neq \hat{\mathbb{C}}$，则 $J(R)$ 没有内点，即 $J(R)$ 在 $\hat{\mathbb{C}}$ 无处稠密.

§9. Fatou 集的稳定域的一些性质

对于有理函数 $R(z)$，Fatou 集 $F = F(R)$ 可分解为可数多个(连通)分支即稳定域 $\{D_i\}$. 由于 F 与 $J = J(R)$ 的完全不变性，对稳定域 D_i，$D_j = R(D_i)$ 也是稳定域，并且 $R: D_i \to D_j$ 是分支覆盖.

定义 稳定域 D_i 是周期的，如果存在正整数 p，使得

$$R^p(D_i) = D_i,$$

其中满足这种关系式的最小的 p 称为 D_i 的周期. D_i 是终于周期的 (eventually periodic)，如果存在 $m \geqslant 0$，使得 $R^m(D_i)$ 是周期的. D_i 是子周期的，如果 D_i 是终于周期的但不是周期的.

稳定域 D 是完全不变的，如果 $R(D) = R^{-1}(D) = D$.

设 D 为完全不变的单连通稳定域. 这时，$R: D \to D$ 是 $d = \deg(R)$ 叶分支覆盖. 分支点是 R 的临界点 c_j，分支重级为 k_j，则有下面引理表示的公式.

引理 9.1 $\sum\limits_{c_j \in D} (k_j - 1) = d - 1$.

证明 作共形映射 ϕ: $D \to D(0, 1)$，诱导 d 叶分支覆盖 $\tilde{R}$: $D(0,1) \to D(0,1)$，使得有交换图表:

$$\begin{array}{ccc} D & \xrightarrow{R} & D \\ \phi\downarrow & & \downarrow\phi \\ D(0,1) & \xrightarrow[\tilde{R}]{} & D(0,1) \end{array},$$

而且 L 的分支点 c_i 对应 $D(0,1)$ 的具有相同分支重级 k_i 的分支点 $\tilde{c}_j$.

由于 $\tilde{R}: D(0,1) \to D(0,1)$ 是 d 叶分支覆盖，$\log|\tilde{R}(z)|$ 在 $\partial D(0,1)$ 的邻域有定义且是调和函数,且可连续开拓到 $\partial D(0,1)$ 上,使得在 $\partial D(0,1)$ 上 $\log|\tilde{R}(z)| = 0$. 由此推出 $\tilde{R}(z)$ 可连续开拓至 $\partial D(0,1)$ 上，使得 $\tilde{R}(\partial D(0,1)) = \partial D(0,1)$. 于是我们可用对称原理,把 $\tilde{R}$ 对称解析开拓为 $\tilde{R}:\hat{\mathbb{C}} \to \hat{\mathbb{C}}, \deg(\tilde{R}) = d$, 临界点是 $D(0,1)$ 上的临界点 $\tilde{c}_i$ 及其对称点. 对 $\tilde{R}:\hat{\mathbb{C}} \to \hat{\mathbb{C}}$ 应用 Riemann-Hurwitz 公式便得到

$$2\left(\sum_{\tilde{c}_j \in D(0,1)} (k_j - 1)\right) = 2(d-1).$$

两边除以 2, 回到 $R: D \to D$ 后便得

$$\sum_{c_j \in D} (k_j - 1) = d - 1,$$

即为定理要证明的等式,引理得证.

引理 9.2 单连通的完全不变稳定域的个数 $\leqslant 2$.

证明 假如存在 2 个单连通的完全不变稳定域 D_1, D_2, 则由引理 9.1 得到,

$$\sum_{c_j \in D_1 \cup D_2} (k_j - 1) = 2d - 2.$$

我们于 § 1 中已知

$$\sum_{c_j \in \hat{\mathbb{C}}} (k_j - 1) = 2d - 2.$$

由此看出这类稳定域的个数 $\leqslant 2$. 引理得证.

引理 9.3 完全不变域的个数如果大于 1, 则都是单连通的.

证明 设 R 有 2 个完全不变域 D_1, D_2, 我们要证 D_1 与 D_2 都是单连通的. 假若不然,则有一个设为 D_1 是非单连通域, 则可得到矛盾.

这时,在 D_2 取一点 $z_2 \neq \infty$, 作共轭变换

$$M(z) = 1/(z - z_2)$$

后, R 共轭于 $s = M \circ R \circ M^{-1}$, 使得 $D_1' = M(D_1)$, $D_2' = M(D_2)$

为 s 的完全不变稳定域．$\infty \in D_2'$，而 D_1' 不是单连通的．作一 Jordan 闭曲线 $l \in D_1'$，使得 l 围成的有界域 d 包含有 $\partial D_1'$ 的分支，即有 Julia 集的点．考虑 $\{s^n\}$，则 $\{s^n\}$ 在 l 上一致有界，而且在 d 内全纯．根据最大模原理，$\{s^n\}$ 在 d 内一致有界，因而由 Montol 定理，s^n 在 d 正规，这便与 d 内有 Julia 集的点相矛盾，引理得证．

由上面这两个引理，便得到下面定理．

定理 9.1 完全不变稳定域的个数$\leqslant 2$．

另外，完全不变稳定域的边界也是完全不变闭集，因而根据定理 3.4，可直接得到下面的定理．

定理 9.2 完全不变稳定域的边界是整个 Julia 集．

定理 9.3 如果 $F = F(R)$ 的稳定域只有有限多个，则稳定域总个数$\leqslant 2$．

证明 注意到，这时 $F(R)$ 不能有非周期的或预周期的稳定域，否则其正向或反向稳定域轨道将有无穷多个稳定域．因此，这有限个稳定域都是周期域，取周期的公倍数 N，则这有限个稳定域是 s^N 的完全不变域．因此，应用定理 9.1，其个数$\leqslant 2$，因此定理得证．

现在，我们来讨论直接吸性域的连通性问题．

定理 9.4 设 z_0 为 R 的吸性或超吸性不动点，$A(z_0)$ 为（直接）吸性域．则 $A(z_0)$ 是单连通的或无穷连通的稳定域．

证明 我们已于 § 4 中知道，$A(z_0)$ 是 $F(R)$ 的稳定域．

设 $D(z_0,\delta)$ 充分小，使得 $\overline{R(D(z_0,\delta))} \subset D(z_0,\delta)$，并且

$$\partial D(z_0,\delta) \cap \left[\bigcup_{c \in C} O^+(c)\right] = \varnothing,$$

其中 C 为 R 的临界点集．这是容易做到的，因为 z_0 是吸性或超吸性不动点而 c 的点数 $\leqslant 2d-2$．根据 $A(z_0)$ 的定义（§ 4），$A(z_0)$ 可表示为

$$A(z_0) = \bigcup_{n=0}^{\infty} E_n,$$

其中 E_n 是 $R^{-n}(D(z_0,\delta))$ 中包含 $D(z_0,\delta)$ 的(连通)分支.∂E_n 由若干解析曲线组成，并且 $\overline{E}_n\subset E_{n+1}$，$R: E_{n+1}\to E_n$ 是有限叶复支覆盖.

例如所有的 E_n 都是单连通域，则 $A(z_0)$ 是单连通域. 否则存在N使得 E_N 是单连通域,而 $n>N$时 E_n 是多连通域. 考虑 $R:E_{N+1}\to E_N$，它作成分支覆盖,因为否则根据单连通域的非分支覆盖也是单连通域这一性质，E_{N+1} 也是单连通域而与假设矛盾. 因此 E_{N+1} 包含有R的临界点，R: $E_{N+1}\to E_N$ 的覆盖叶数$\geqslant 2$，因而 ∂E_{N+1} 的分支数(边界曲线条数)$\geqslant 2$，其次考虑分支覆盖 $R:E_{N+2}\to E_{N+1}$,由于$\overline{E_{N+1}}\subset E_{N+2}$，它的覆盖叶数也$\geqslant 2$. 因此 ∂E_{N+1} 的每条曲线对应 ∂E_{N+2} 的$\geqslant 2$ 条曲线. ∂E_{N+2} 的分支数$\geqslant 2^2$. 再考虑分支覆盖 R: $E_{N+3}\to E_{N+2}$，继续考虑下去，则得 ∂E_{N+k} 的分支数$\geqslant 2^k$，因此 $A(z_0)$ 有无穷多边界分支，$A(z_0)$ 是无穷连通域. 定理得证.

作为定理 9.4 的推论,我们知道,如果 $F(R)\neq\varnothing$，则 $F(R)$ 的(连通)分支,即稳定域的个数是 1,2 或无穷多个.

从定理 9.4 的证明,事实上还可证明,如果存在一个完全不变的稳定域,则 $F(R)$ 的其它稳定域都是单连通的.

作为本章的结束语,必须指出,本章介绍的是基本概念和基本定理，来源于 Fatou 和 Julia 的经典文献 [Fa1] 和 [Ju]，整理经典结果并介绍一些现代理论的综合性文章参考 [Bl].

第二章　有理映射动力系统的稳定域的终于周期性

本章的主要内容是给出有理映射动力系统的稳定域的终于周期性定理,即 Sullivan 定理的完整的证明. 第 1 节介绍终于周期性定理; 第 2 和 3 节研究 Riemann 曲面的覆盖序列特别是游荡稳定域序列的直接极限; 第 4 和 5 节研究有理函数的拟共形形变并构造出一类拟共形形变;最后给出终于周期性定理的证明.

§1. 稳定域的终于周期性定理

假设 $R:\hat{\mathbb{C}}\to\hat{\mathbb{C}}$ 为有理映射, $\deg(R)\geqslant 2$. 我们知道 R 的临界点的个数 $\leqslant 2d-2$.

R 的 Fatou 集 (或称稳定或正规点集) $F(R)$ 是一个开集. $F(R)$ 由最多可数多个连通分支组成,我们称 $F(R)$ 的连通分支为稳定域. 由于 $F(R)$ 与 Julia 集 $J(R)$ 的完全不变性, 对于稳定域 D, $R(D)$ 与 $R^{-1}(D)$ 都是稳定域.

我们回忆一下,稳定域 D 称为周期的, 如果存在 $n\geqslant 1$ 使得 $R^n(D)=D$. 使 $R^n(D)=D$ 的最小的正整数 n 称为 D 的周期. 当周期 $n=1$ 时, D 称为不变稳定域. 稳定域 D 称为终于周期的, 如果存在 $m\geqslant 1$ 及 $n\geqslant 1$ 使得 $R^{m+n}(D)=R^m(D)$, 即 $R^m(D)$ 是周期稳定域.

设 D_0 为一个稳定域,则对应有一稳定域序列

$$D_0,D_1=R^1(D_0),\cdots,D_n=R^n(D_0),\cdots$$

如果当 $m\neq n$ 时, $D_n\cap D_m=\varnothing$, 则 D_0 称为游荡 (Wandering) 稳定域,对应序列称为游荡稳定域序列.

根据这些定义，可以看出，对于稳定域 D，如果 D 不是游荡的，则是终于周期的，且反之亦然。

对于有理映射 R，是否稳定域一定是终于周期的？这问题称为 Fatou-Julia 问题，自 1920 年前后 Fatou 与 Julia 的文章发表之后，这一问题一直未被解决. 最近 Sullivan 解决了这一问题，在 [Su3] 中证明了下面的定理：

Sullivan 定理　有理映照动力系统的稳定域都是终于周期的，即不存在游荡稳定域。

Sullivan 在证明这一定理时，把稳定域分成单连通、有限连通和无穷连通三种情况，而且只对单连通稳定域用拟共形映射的方法给出较为详细的证明，其它情况要用到 Teichmüller 空间理论，只简要地介绍了一下证明的思想。其后 Bers 完全应用 Teichmüller 理论给出一个详细而统一的证明[Ber]. Lü 则完全应用拟共形映照给出一个较为初等而统一的证明[Lü]，本章介绍 [Lü] 中的方法。

§2. Riemann 曲面的覆盖序列的直接极限

设

$$D_0 \xrightarrow{f_1} D_1 \xrightarrow{f_2} D_2 \dashrightarrow \cdots \xrightarrow{f_n} D_n \xrightarrow{f_{n+1}} D_{n+1} \to \cdots$$

为 Riemann 曲面覆盖序列，其中 $D_n(n=0,1,\cdots)$ 为 Riemann 曲面，$f_n: D_{n-1}\to D_n$ 为满的全纯映照，作成非分支覆盖曲面。

定义 Riemann 曲面 D_∞ 称为这覆盖序列的直接极限，如果对任何 D_n 存在满的全纯映射 $\pi_n: D_n\to D_\infty$，满足：

(i) $\pi_n=\pi_{n+1}\circ f_{n+1}$;

(ii) 对 $\forall x,y\in D_n$，$\pi_n(x)=\pi_n(y)$ 当且仅当存在整数 $k>1$ 使得

$$f_{n+k}\circ f_{n+k-1}\circ\cdots\circ f_{n+1}(x)=f_{n+k}\circ f_{n+k-1}\circ\cdots\circ f_{n+1}(y).$$

现在我们讨论关于直接极限的存在性。

首先我们回忆一下 Riemann 曲面论的一些基本知识，Riemann 曲面称为双曲型的，如果它的万有覆盖曲面是单位圆 $\Delta=\{z\in\mathbb{C}: |z|<1\}$. Riemann 曲面称为初等的，如果它的基本群(即万有覆盖变换群)是交换群（Abel 群).

初等的双曲型 Riemann 曲面只有三类，共形等价于下列三种域之一，单位圆 Δ, 对应的万有覆盖变换群 $\Gamma=\{I$（单位元素)$\}$; $\Delta^*=\Delta-\{0\}$, 对应的万有覆盖变换群 Γ 由一个抛物元素生成;圆环 $\Delta_r=\{z\in\mathbb{C}: 0<r<|z|<1\}$, 对应的万有覆盖变换群 Γ 由一个双曲元素生成.

以后,如无特别说明，Riemann 曲面均是双曲型的，覆盖曲面均指正则覆盖曲面,即非分支的覆盖曲面,且记为 $W_1\xrightarrow{\pi}W_0$, 其中 W_0 与 W_1 是 Riemann 曲面,π 是(解析)投影映射.

引理 2.1 如果

$$D_0\xrightarrow{f_1}D_1\xrightarrow{f_2}\cdots\xrightarrow{f_n}D_n\xrightarrow{f_{n+1}}D_{n+1}\to\cdots$$

是 Riemann 曲面覆盖序列，其中任何 D_n 都是非初等 Riemann 曲面,则序列的直接极限 D_∞ 存在. 而且，如果 D_∞ 的基本群是有限生成的,则当 n 充分大时,$f_n: D_{n-1}\to D_n$ 都是共形映射(即一一在上的解析映射).

证明 设 $\Delta\xrightarrow{\pi}D_0$ 为 D_0 的万有覆盖，万有覆盖变换群（D_0 的基本群)为 Γ_0, 则对 $n=1,2,\cdots$, $f_n\circ f_{n+1}\circ\cdots\circ f_1\circ\pi_0$: $\Delta\to D_n$ 为 D_n 的万有覆盖,设万有覆盖变换群为 Γ_n. 则 $D_n\simeq\Delta/\Gamma_n$, 其中$\simeq$表示共形等价，$\Delta/\Gamma=\{\Gamma_n z: z\in\Delta\}$, $\Gamma_n z=\{A(z): A\in\Gamma_n\}$ 表示点 $z\in\Delta$对于 Γ_n 的轨道. 这时我们有关系式

$$\Gamma_0\subset\Gamma_1\subset\cdots\subset\Gamma_n\subset\Gamma_{n+1}\subset\cdots$$

Γ_n 是万有覆盖变换群且是非初等的,因此 Γ_n 不包含椭圆元素且是非交换的. 所以 $\Gamma_\infty=\bigcup_{n=0}^{\infty}\Gamma_n$ 是不含椭圆元素的非交换群. 根据 Fuchs 群论中的 Nielson[Bea] 定理：作用于Δ的不包含椭圆元素的非交换群一定是离散的，因而是间断群,因此 Γ_∞ 是间断群.

我们可以定义 Riemann 曲面 $D_\infty = \Delta/\Gamma_\infty$，定义投影映射 π：$\Delta \to \Delta/\Gamma_\infty$，$z \longmapsto \Gamma_z$。对 $n \geqslant 0$ 再定义投影映射 π_n：$D_n \to D_\infty$，$\Gamma_n z \longmapsto \Gamma_\infty z$，因为 $D_n \simeq \Delta/\Gamma_n$，$\Gamma_n \subset \Gamma_\infty$，这样的定义是合理的。现在根据直接极限的定义，容易验证 D_∞ 是序列的直接极限，如果 Γ_∞ 是有限生成的，则当 n 充分大时，Γ_∞ 的有限个生成元素，也是 Γ_n 的生成元素，因而 $\Gamma_n = \Gamma_\infty, f_n: D_{n-1} \to D_n$ 是共形映射，引理证完。

对于引理 2.1 中的覆盖序列，如果引理的条件不成立，则直接极限不一定存在。这时，存在无穷多个 Riemann 曲面 D_n 是初等的，共形等价于 Δ, Δ^* 或 Δr_n。因此只有下列三种情况之一：

(a) 无穷多个 $D_n \simeq \Delta$。这时所有的 $D_n \simeq \Delta$，$f_{n+1}: D_n \to D_{n+1}$ 是共形映射。

(b) 无穷多个 $D_n \simeq \Delta r_n$，这时一定存在 $N \geqslant 0$，使得当 $n = 0, 1, \cdots, N$ 时，$D_n \simeq \Delta$，当 $n > N$ 时，$D_n \simeq \Delta r_n = \{z: 0 < r_n < |z| < 1\}$。

(c) 无穷多个 $D_n \simeq \Delta^*$。这时一定存在 $N \geqslant 0$，使得当 $n = 0, 1, \cdots, N$ 时，$D_n \simeq \Delta$，当 $n \geqslant N$ 时，$D_n \simeq \Delta^*$。

附注 我们将于下节看到，对于游荡域覆盖序列情况 (c) 是不会出现的，因为稳定域不能共形等价于 Δ^*。

在情况 (b) 下，当 $n > N$ 时，f_{n+1}：$D_n \to D_{n+1}$ 一定是有限对 1 的映射。

事实上，$D_n \simeq \Delta r_n$ 与 $D_{n+1} \simeq \Delta r_{n+1}$，则 $f_{n+1}: D_n \to D_{n+1}$ 诱导一个映射 $g: \Delta r_n \to \Delta r_{n+1}$。我们有交换图表：

$$\begin{array}{ccc} D_n & \xrightarrow{f_{n+1}} & D_{n+1} \\ \phi_n \downarrow & & \downarrow \phi_{n+1} \\ \Delta r_n & \xrightarrow{g} & \Delta r_{n+1} \end{array}.$$

现设 $H \xrightarrow{\pi} \Delta r_n$ 为 Δr_n 的万有覆盖，H 为上半平面，使得有万有覆盖变换群 Γ_n 由双曲元素 $z \longmapsto \lambda_n z$ 生成，$0 < |\lambda_n| < 1$。则 $H \xrightarrow{g \circ \pi} \Delta r_{n+1}$ 为 Δr_{n+1} 的万有覆盖，对应的 Γ_n 由双曲元素 $z \longmapsto$

$\lambda_{n+1}z$ 生成. 由于 $\Gamma_n \subset \Gamma_{n+1}$, 则一定存在正整数 j, 使得 $\lambda_n = \lambda_{n+1}^j$. 对 $\forall z \in H$, 当 $i = 0,1,\cdots,j-1$ 时, $\lambda_{n+1}^i z$ 在 Γ_n 中不是等价点,对应于 Δr_n 中 j 个点,而在 Γ_{n+1} 中则是等价点,对应于 Δr_{n+1} 中的一个点,这就证明 $g: \Delta r_n \to \Delta r_{n+1}$ 是 j 对 1 的映射,因而 $f_{n+1}: D_n \to D_{n+1}$ 是 j 对 1 映射.

§3. 游荡稳定域序列

设有理映射 $R:\hat{\mathbb{C}} \to \hat{\mathbb{C}}$ 有一个游荡稳定域 D_0, 则有游荡稳定域序列

$$D_0 \xrightarrow{R} D_1 \xrightarrow{R} \cdots \xrightarrow{R} D_n \xrightarrow{R} D_{n+1} \to \cdots \tag{3.1}$$

其中 $D_n = R^n(D_0)$, $\partial D_n = J(R)$. D_n 是平面域, 是双曲型 Riemann 曲面. 这是一个分支覆盖序列. 由于 R 的临界点的个数 $\leqslant 2d-2$, 则临界值 (R 在临界点之值)的个数 $\leqslant 2d-2$. 设临界值集为 $SV(R) = \{a_1, a_2, \cdots, a_q\}$, $q \leqslant 2d-2$, 则

$$\mathbb{C} - R^{-1}(SV(R)) \xrightarrow{R} \hat{\mathbb{C}} - SV(R)$$

成为覆盖曲面.

对于序列(3.1),当 n 充分大时一定有 $D_n \cap SV(R) = \varnothing$, 这时 $D_n \xrightarrow{R} D_{n+1}$ 是覆盖曲面. 我们可以假定当 $n \geqslant 0$ 时

$$D_n \cap SV(R) = \varnothing,$$

这时 (3.1) 是一个覆盖序列, D_0 称为非分支游荡域. 对于有理映射,如果游荡域 D 存在, 则当 n 充分大时 $R^n(D)$ 都是非分支游荡域.

根据 § 2.2 中引理 2.1 及其后附加结论 (a),(b). 注意到 $R: D_n \to D_{n+1}$ 是有限对 1 的映射, 当 $D_n \simeq \Delta$, $D_{n+1} \simeq \Delta r_{n+1}$ 时, $D_n \xrightarrow{R} D_{n+1}$ 是不存在的,对于非分支游荡域 D_0 及对应的游荡域覆盖序列(3.1)只能是下列三种情况之一:

1. 当 $n \geqslant 0$ 时 $D_n \simeq \Delta$, 这时 $R: D_n \to D_{n+1}$ 是共形映射,我

们称 D_0 为单连通外分支游荡域。

2. 当 $n \geqslant 0$ 时 $D_n \simeq \Delta r_n$，$R: D_n \to D_{n+1}$ 是有限对 1 映射，这时 D_0 称为游荡环域。

3. 游荡域覆盖序列的直接极限 D_∞ 存在。

引理 3.1 对于有理映射 R，如果 D_0 是非分支游荡环域，则一定存在 $N \geqslant 0$，使得当 $n \geqslant N$ 时，$R: D_n \to D_{n+1}$ 是共形映射。

证明 设 $R: D_n \to D_{n+1}$ 是 d_n 对 1 的映射，我们只要证明存在 $N \geqslant 0$，使得当 $n \geqslant N$ 时，$d_n = 1$，这时 $R: D_n \to D_{n+1}$ 就是共形映射。

反证之，假若不然，则 $n \to \infty$ 时，$d_1 \cdot d_2 \cdots d_n \to \infty$。我们将得到矛盾。

首先取一个稳定域 D_{-1}，使得 $R(D_{-1}) = D_0$。取一分式线性变换 M，作 R 的共轭 $M \circ R \circ M^{-1}$ 后，不妨设 D_{-1} 包含内点 ∞。显然，我们有 $D_n \cap D_{-1} = \varnothing$。$D_n$ 的余集有两个连通分支，其中不含 D_{-1} 的分支(有界分支)称为小分支，并记为 I_n。

取定一条光滑的简单闭曲线 l_0，$l_0 \subset D_0$ 且内部包含 I_0，设 $l_n = R^n(l_0)$，在 $\mathbb{C}$ 的球面度量下，l_0 与 l_n 的长度分别为 L_0 与 L_n。由于 $\{R^n\}$ 在 D_0 内正规，根据正规定则，对任何紧集 $E \subset D_0$，存在常数 $M > 0$ (这里取 E 包含 l_0)，使得对 $\forall z \in E$，

$$\frac{|(R^n)'(z)|}{1 + |R^n(z)|^2} \leqslant M,$$

因此我们有

$$L_n = \int_{l_0} \frac{|(R^n)'(z)|}{1 + |R^n(z)|^2} |dz| \leqslant M \int_{l_0} |dz| \leqslant M L_0.$$

如果 I_n 在球面度量下的直径为 δ_n，则有 $\delta_n d_1 d_2 \cdots d_n \leqslant L_n \leqslant M L_0$，因为 L_n 环绕 D_n 有 $d_1 d_2 \cdots d_n$ 次. 由于当 $n \to \infty$ 时 $d_1 d_2 \cdots d_n \to \infty$，因此 $\delta_n \to 0$。

在球面 $\bar{\mathbb{C}}$ 上一定存在常数 $M_1 > 0$，使得对 $\forall z \in C$，有

$$\frac{|R'(z)(1 + |z|^2)|}{1 + |R(z)|^2} \leqslant M_1,$$

因为左边的函数在 $\hat{\mathbb{C}}$ 上连续。因而对 $\forall z \in C$ 我们有

$$\frac{|R'(z)|}{1+|R'(z)|^2} \leqslant M_1 \frac{1}{1+|z|^2}.$$

注意到 R 把 D_n 的余集分支变为 D_{n+1} 的余集分支，而 $R(I_n)$ 的直径 $\leqslant M_1\delta_n \to 0$，因此当 n 充分大时 $(n \geqslant N)$，$R(I_n) = I_{n+1}$。在 $D_n \cup I_n$ 内考虑 $\{R^n\}$，$n \geqslant N$，由于 $R^n(D_N \cup I_N)$ 总不包含 D_{-1}，根据正规定则，这是一个正规族。因此 $D_n \cup I_N$ 不包含 J_R 的点。但 $\partial I_N \subset J_R$，这就得到矛盾。引理证完。

根据这一引理结论及引理 2.1 的证法，对于非分支游荡环域序列，直接极限一定存在。事实上，当 $n \geqslant N$ 时 $R: D_n \to D_{n+1}$ 是一一对应，我们可取任何 D_n 作直接极限 D_∞。对于非分支单连通游荡稳定域序列也是如此，这时我们可取任何 D_n 作为序列的直接极限 D_∞。因此我们有下面的引理。

引理 3.2 对于有理映射 R，非分支游荡稳定域覆盖序列的直接极限总是存在的，而且直接极限也是（或共形等价于）平面域。

为了本章定理的证明，即证明游荡域的不存在性，我们考虑直接极限 D_∞ 的类型。首先必须指出 $D_\infty \subset \mathbb{C}$，且边界 ∂D_∞ 由无穷多个点组成。

按照 Ahlfors[AS] 的分类，非紧 Riemann 曲面或平面域 Ω 可以分为两类型如下，注意要与按万有覆盖曲面的分类相区别。

Ω 是双曲型的，如果 Ω 的 Green 函数存在，当且仅当 Ω 的理想边界的调和测度存在，即对任意给定的圆 $\Delta_0 \subset \Omega$，存在调和函数 $\omega(z)$ 定义于 $\Omega - \bar{\Delta}_0$，且 $\omega|\partial\Delta_0 \equiv 1$ 而在 $\Omega - \bar{\Delta}_0$ 内 $0 < \omega(z) < 1$，ω 称为 Ω 的理想边界的一个调和测度。

我们知道，如果存在定义于 Ω 的有界全纯函数，则 Ω 一定是双曲型的。

Ω 称为抛物型的，如果 Ω 的 Green 函数不存在。在这种情况下，Ω 的边界 $\partial\Omega$ 一定是一个完全不连通集，即其连通分支仅由一点组成。因为否则 $\partial\Omega$ 有一连通分支多于两点，通过一个分式

线性变换后，可以把Ω变为一个有界域，而有界域是双曲型的，因此Ω也是双曲型的。

我们将要用到下面的引理。

引理 3.3 设 $\Omega\subset\mathbb{C}$ 是抛物型域，$\Delta_0\subset\Omega$ 是一个圆，则定义于 $\Omega-\bar{\Delta}_0$ 的任何有界全纯函数 $f(z)$，总可以开拓为定义于 $\mathbb{C}-\bar{\Delta}_0$ 的全纯函数。

证明 通过一个分式线性变换，我们可以假定

$$\Delta_0=\{z:|z|>R\}.$$

取定Ω的穷尽域序列$\{\Omega_n\}(n=1,2,\cdots)$使得 $\bar{\Delta}_0\subset\Omega_n$，$\bar{\Omega}_n\subset\Omega_{n+1}$ 及 $\bigcup_{n=1}^{\infty}\Omega_n=\Omega$，$\partial\Omega_n$ 由有限条逐段解析闭曲线组成。应用 Cauchy 积分公式，我们有

$$f(z)=\frac{1}{2\pi i}\int_{\partial\Delta_0}\frac{f(\zeta)}{\zeta-z}d\zeta+\frac{1}{2\pi i}\int_{\partial\Delta_n}\frac{f(\zeta)}{\zeta-z}d\zeta,$$

$$z\in\Omega_n-\bar{\Delta}_0,$$

这里，为简单起见，我们假定 $f(z)$ 在 $\partial\Delta_0$ 上连续。设

$$f_0(z_0)=\frac{1}{2\pi i}\int_{\partial\Delta_0}\frac{f(\zeta)}{\zeta-z}d\zeta,\quad z\in\mathbb{C}-\bar{\Delta}_0$$

和

$$f_1(z)=\frac{1}{2\pi i}\int_{\partial\Omega_n}\frac{f(\zeta)}{\zeta-z}d\zeta,\quad z\in\Omega_n,$$

则对 $z\in\Omega_n-\bar{\Delta}_0$，由于 $\bar{\Omega}_n\subset\Omega_{n+1}$，容易看出 $f_1(z)$ 可以解析开拓为定义于Ω的函数。由于 $f(z)=f_0(z)+f_1(z)$，而 f 与f_0在 $\Omega-\bar{\Delta}_0$ 有界，因此 f_1 在Ω内有界。但Ω是抛物型的，因而 f_1 是一个常数。注意到 $f_1(\infty)=0$，得到 $f_1\equiv0$。

于是我们得到

$$f(z)=f_0(z)=\frac{1}{2\pi i}\int_{\partial\Delta_0}\frac{f(\zeta)}{\zeta-z}d\zeta,\quad z\in\Omega-\bar{\Delta}_0,$$

但 f_0 定义于 $\mathbb{C}-\Delta_0$ 内，f_0是 f 的解析开拓，引理得证。

§ 4. 有理函数的拟共形形变

在这里及以后，我们要用到拟共形映射的一些基本性质及定理，可参考 [A1].

一个拓扑映射 $\Phi:\mathbb{C}\to\mathbb{C}$ 称为拟共形的，如果 Φ 具有局部平方可积的广义导数 Φ_z 和 $\Phi_{\bar{z}}$，且在 $\mathbb{C}$ 几乎处处满足 Beltrami 方程

$$\Phi_{\bar{z}}=\mu\cdot\Phi_z,$$

其中可测函数 $\mu(z)\in L_\infty(\mathbb{C})$，且 $\|\mu\|_\infty\leqslant k<1$. $\mu(z)$ 称为 Φ 的 Beltrami 系数，而实数

$$K=\frac{1+k}{1-k}$$

称为最大伸缩商.

一个拟共形映射的逆映射 Φ^{-1}，及两个拟共形映射 Φ_1 与 Φ_2 的复合映射 $\Phi_1\circ\Phi_2$ 都是拟共形映射.

两个拟共形映射 Φ_1 与 Φ_2 具有共同的 Beltrami 系数 $\mu(z)$，当且仅当 $\Phi_1\circ\Phi_2^{-1}$ 是共形映射.

可测 Riemann 映射定理，给定可测函数 $\mu(z)\in\mathscr{L}_\infty(\mathbb{C})$，$\|\mu\|_\infty\leqslant k<1$，存在唯一的拟共形映射 Φ_μ: $\mathbb{C}\to\mathbb{C}$，具有 Beltrami 系数 $\mu(z)$ 且保持 0,1 与∞不变.

Ahlfors 与 Bers[AB]推广这一基本定理到 μ 具有参数的情况，下面我们要用到其中的具有可微分参数的可测 Riemann 映射定理.

设 $W_0=\{t=(t_1,\cdots,t_m)\in\mathbb{R}^m:|t_j|<\delta,j=1,2,\cdots,m\}$.

具有可微分参数的可测 Riemann 映射定理. 假设对任何 $t\in W_0$，$\mu(t,z)\in L_\infty(\mathbb{C})$，$\|\mu(t,z)\|_\infty<1$，且对于充分小的 $s=(s_1,s_2,\cdots,s_m)$.

$$\mu(t+s,z)=\mu(t,z)+\sum_{j=1}^{m}a_j(t,z)s_j+|s|b(t,s;z),$$

其中 $\|b(t, s; z)\|_\infty \leqslant c$，$c$ 为常数，而对几乎处处的 $z \in \mathbb{C}$，当 $s \to 0$ 时 $b(t,s;z) \to 0$；另外对 $j = 1,2,\cdots m$，$\|a_j(t,z)\|_\infty$ 有界，且对几乎处处的 $z \in \mathbb{C}$，当 $s \to 0$ 时 $a_j(t+s,z) \to a_j(t,z)$. 则对任何 $t \in W_0$，存在唯一的拟共形映射 $\Phi_t: \mathbb{C} \to \mathbb{C}, z \longmapsto \Phi(t, z)$，具有 Beltrami 系数 $\mu(t,z)$，保持 0,1 与∞不变，而且对于固定的 z 作为 t 的函数 $\Phi(t,z) \in C^1(w_0)$，而作为 t，z 的函数 $\Phi(t,z)$ 在 $w_0 \times \overline{\mathbb{C}}$ 连续.

现在我们讨论有理映射的拟共形形变.

设 $R: \hat{\mathbb{C}} \to \hat{\mathbb{C}}$ 为有理映射，$\Phi_\mu: \hat{\mathbb{C}} \to \hat{\mathbb{C}}$ 为拟共形映射，具有 Beltrami 系数 $\mu(z)$，$\|\mu\|_\infty \leqslant k < 1$.

定义 如果 $R_\mu = \Phi_\mu \circ R \circ \Phi_\mu^{-1}$ 仍是有理映射，则 R_μ 称为 R 的一个拟共形形变.

引理 4.1 $R_\mu = \Phi_\mu \circ R \circ \Phi_\mu^{-1}$ 是 R 的拟共形形变，当且仅当

$$\mu(z) = \mu(R(z)) \frac{\overline{R'(z)}}{R'(z)}, \text{ a. e. } z \in \mathbb{C}.$$

证明 如果 R_μ 是拟共形形变，计算 $\Phi_\mu \circ R = R_\mu \circ \Phi_\mu$ 的 Beltrami 系数，则可得到

$$\mu(z) = \mu(R(z)) \frac{\overline{R'(z)}}{R'(z)}, \text{ a. e. } z \in \mathbb{C}.$$

反之，如果 $\mu(z)$ 满足这一关系式，则 $\Phi_\mu \circ R$ 与 Φ_μ 具有相同的 Beltrami 系数 $\mu(z)$，因此 $R_\mu = (\Phi_\mu \circ R) \circ \Phi_\mu^{-1}$ 在 $\mathbb{C}$ 内全纯，可能有有限个孤立奇点，再应用关于孤立奇点的 Riemann 定理，R_μ 可解析开拓到这些孤立奇点而成为有理函数，引理得证.

我们主要考虑的是有理映射 R 的具有连续参数 t 的拟共形形变族.

设 $SV(R) = \{a_1, a_2, \cdots, a_q\}$ 为 R 的临界值集，其中 $q \leqslant 2d-2$，$d = \deg(R) \geqslant 2$. 我们知道，

$$\hat{\mathbb{C}} - R^{-1}(SV(R)) \xrightarrow{R} \hat{\mathbb{C}} - SV(R)$$

是一个覆盖曲面.

设 $\gamma:[0,1]\to w_0$, $u\to\gamma(u)$ 为 w_0 内的非退化弧，$w_0\subset\mathbb{R}^m$ 已于前面定义.

这时我们有下面的重要引理.

引理 4.2 设 $\Phi_t=\Phi(t,z):\gamma\times\hat{\mathbb{C}}\to\hat{\mathbb{C}}$ 为一族拟共形映射，保持给定的 $B_0,B_1,B_2\in\hat{\mathbb{C}}-SV(R)$ 不变，且 $\Phi(t,z)$ 在 $\gamma\times\hat{\mathbb{C}}$ 连续. 再设对任何 $t\in\gamma$, $R_t=\Phi_t\circ R\circ\Phi_t^{-1}$ 是有理映射，如果对于给定的 $A_k\in\hat{\mathbb{C}}-R^{-1}(SV(R))$, $R(A_k)=B_k$, $k=0,1,2$ 及 $SV(R)$ 的点，成立等式

$$\Phi(t,a_j)=\Phi(s,a_j),\ j=1,2,\cdots,q\leqslant 2d-2,\ t\in\gamma;$$
$$\Phi(t,A_k)=\Phi(s,A_k),\ k=0,1,2,\ t\in\gamma,$$

其中 $s\in\gamma$ 为某一固定的值，则对任何 $t\in\gamma$ 有

$$\Phi_t\circ R\circ\Phi_t^{-1}=\Phi_s\circ R\circ\Phi_s^{-1},$$

此即

$$(\Phi_s^{-1}\circ\Phi_t)\circ R\circ(\Phi_s^{-1}\circ\Phi_t)^{-1}=R.$$

证明 对任何固定的 $\tau\in\gamma$，可以看出

$$R\circ\Phi_\tau^{-1}:\mathbb{C}-\Phi_\tau\circ R^{-1}(V)\to\mathbb{C}-V$$

及 $R\circ\Phi_s^{-1}:\mathbb{C}-\Phi_s\circ R^{-1}(V)\to C-V$ 都作为覆盖曲面，这里简记 $V=SV(R)$. $\Phi_s^{-1}\circ\Phi_t:\mathbb{C}-V\to\mathbb{C}-V$ 是拟共形映射，因此可提升为同胚 Ψ_{st}: $\hat{\mathbb{C}}-\Phi_\tau\circ R^{-1}(V)\to\mathbb{C}-\Phi_s\circ R^{-1}(V)$, 使得 $\Psi_{st}(\zeta_0)=\zeta_0$, 这里 $\zeta_0=\Phi_\tau(A_0)=\Phi_s(A_0)$, 我们有交换图表:

$$\begin{array}{ccccc}
\mathbb{C}-\Phi_\tau\circ R^{-1}(V) & \xrightarrow{\Phi_\tau-1} & \mathbb{C}-R^{-1}(V) & \xrightarrow{R} & \mathbb{C}-V\\
\downarrow{\scriptstyle\Psi_{st}} & & & & \downarrow{\scriptstyle\Phi_s^{-1}\circ\Phi_t}\\
\mathbb{C}-\Phi_s\circ R^{-1}(V) & \xrightarrow{\Phi_s^{-1}} & \mathbb{C}-R^{-1}(V) & \xrightarrow{R} & \mathbb{C}-V
\end{array}.$$

由于 $\Psi_{st}(\Phi_\tau(A_1))\in\Phi_s(R^{-1}(B_1))$, $\Phi_s(R^{-1}(B_1))$ 是离散集，而 $\Psi_{st}(\Phi_t(A_1))$ 是 t 的连续函数，因此对 $t\in\gamma$, $\Psi_{st}(\Phi_\tau(A_1))$ 是常数. 令 $t=s$ 时得到对 $t\in\gamma$, $\Psi_{st}(\Phi_\tau(A_1))=\Psi_{ss}(\Phi_\tau(A_1))=\Phi_\tau(A_1)=\Phi_s(A_1)$. 同样可以证明，对 $t\in\gamma$, $\Psi_{st}(\Phi_\tau(A_2))=\Phi_s(A_2)$, 这就说明 Ψ_{st} 有三个不动点 $\Phi_s(A_0)$, $\Phi_s(A_1)$, 及 $\Phi_s(A_2)$.

根据交换图表，我们有 $\Phi_s^{-1}\circ\Phi_t\circ R\circ\Phi_\tau^{-1}=R\circ\Phi_s^{-1}\circ\Psi_{st}$, 令

$t=\tau$ 时得到 $\Phi_\tau^{-1}\circ\Phi_t\circ R\circ\Phi_\tau^{-1}=R\circ\Phi_\tau^{-1}\circ\Psi_{st}$。这就可以看出 Ψ_{st}: $\mathbf{C}-\Phi_t\circ R^{-1}(V)\to\mathbf{C}-\Phi_s\circ R^{-1}(V)$ 是共形映射，因而可以开拓为 $\mathbf{C}$ 的共形自映射. 但 Ψ_{st} 有三个不动点，因此 Ψ_{st} 是恒等映射，$\Psi_{st}=id$. 于是 $\Phi_t\circ R\circ\Phi_t^{-1}=\Phi_s\circ R\circ\Phi_s^{-1}$. 引理得证。

现在,把 $\Phi_\tau^{-1}\circ\Phi_t$ 限制在 R 的 Julia 集 $J(R)$ 上，则我们有引理如下。

引理 4.3 设族 Φ_t、$\gamma\times\hat{\mathbf{C}}\to\hat{\mathbf{C}}$ 如引理 4.2，则对于 $\forall t\in\gamma$,

$$\Phi_\tau^{-1}\circ\Phi_t|_{J(R)}=Id.$$

证明 根据引理 4.2, $(\Phi_\tau^{-1}\circ\Phi_t)\circ R\circ(\Phi_\tau^{-1}\circ\Phi_t)^{-1}=R$，可以看出 $\Phi_\tau^{-1}\circ\Phi_t$ 把 $J(R)$ 变为 $J(R)$. 现设 R 的以 m 为周期的周期点组成的集为 P_m, R 的周期点集为 $P=\bigcup_{m=1}^{\infty}P_m$, 则根据第一章定理 8.1, $J(R)=P'$.

首先我们要证 $\Phi_\tau^{-1}\circ\Phi_t|_{P_m}=Id$. 对 $\forall a\in P_m$, $\Phi_\tau^{-1}\circ\Phi_t(a)$ 在 P_m 上且是 $t\in\gamma$ 的连续函数. 但 P_m 是离散的，即由孤立点组成,因此 $\Phi_\tau^{-1}\circ\Phi_t(a)=\Phi_\tau^{-1}\circ\Phi_s(a)=a$, 我们得到 $\Phi_\tau^{-1}\circ\Phi_t|_{P_m}=Id$, 因而 $\Phi_\tau^{-1}\circ\Phi_t|_P=Id$, $\Phi_\tau^{-1}\circ\Phi_t|_{J(R)}=Id$. 引理得证.

§5. 具有参数的单位圆到自身的可微拟共形映射的构造

单位圆记为 Δ, 给定整数 $m>4d+2$, $d=\deg(R)\geqslant 2$. $\delta>0$ 为充分小的数。令参数域为

$$w_0=\{t=(t_1,t_2,\cdots,t_m)\in\mathbb{R}^m,\ |t_j|<\delta,1\leqslant j\leqslant m\}.$$

首先,构造一族微分同胚,

$$\partial\varphi_t=\partial\varphi(t,z):w_0\times\partial\Delta\to\partial\Delta,$$

满足条件 (5.1): $t=0$ 时 $\partial\varphi_t=Id$, 当 $t\neq s$ 时,

$$(\partial\varphi_s)^{-1}\circ(\partial\varphi_t)\neq Id,$$

且对 $\forall t$, $\partial\varphi_t$ 保持 $\partial\Delta$ 上给定三点 B_0,B_1 及 B_2 不变。

设 $B_k=e^{i\beta_k}$, $0\leqslant\beta_k<2\pi$, $k=0,1,2$. 取定 m 个点

$\alpha_j \in [0,2\pi]$，使得 $0<\alpha_1<\alpha_2<\cdots<\alpha_m<2\pi$，区间 $[\alpha_j-\delta, \alpha_j+\delta]$ 互不相交且不包含 B_0, B_1 及 B_2。

对 $1\leqslant j\leqslant m$，定义函数

$$\psi_j(\theta)=\begin{cases}\delta^2 e\left[\dfrac{\delta^2}{(\theta-\alpha_j)^2-\delta^2}\right], & |\theta-\alpha_j|<\delta,\\ 0, & |\theta-\alpha_j|\geqslant\delta.\end{cases}$$

$\psi_j(\theta)$ 是定义于 $[0,2\pi]$ 上的 C^∞ 函数，且在 $[0,2\pi]$ 上

$$|\psi'(\theta)|\leqslant M\delta,$$

其中$M>0$ 为一常数。

再定义

$$\psi(t,\theta)=\theta+\sum_{j=1}^m t_j\psi_j(\theta),\quad t\in w_0,\quad \theta\in[0,2\pi],$$

则我们有 $\psi'(t,\theta)=1+\sum\limits_{j=1}^m t_j\psi_j'(\theta)$，因此得到

$$1-mM\delta\leqslant\psi'(t,\theta)\leqslant 1+mM\delta.$$

取定 δ，使得 $1-mM\delta>0$，则 $\psi(t,\theta)$ 对 θ 是定义于$[0,2\pi]$上的严格增函数。

令

$$\partial\varphi_t=\partial\varphi(t,\theta)=e^{i\psi(t,\theta)},\quad z=e^{i\theta}\in\partial\Delta, t\in w_0,$$

则 $\partial\varphi_t$ 满足条件 (5.1)。

现在定义Δ的微分自同胚 $\varphi_t=\varphi(t,z): w_0\times\Delta\to\Delta$,

$$\varphi(t,z)=re^{i\psi(t,\theta)},\quad z=re^{i\theta}\in\bar{\Delta},\quad t\in w_0,$$

φ_t 便是所要求的拟共形映射，具有 Beltrami 系数

$$\mu_0(t,z)=\frac{(\varphi_t)_{\bar z}}{(\varphi_t)_z}=e^{2\theta i}\frac{(\varphi_t)_r+\dfrac{i}{r}(\varphi_t)_\theta}{(\varphi_t)_r-\dfrac{i}{r}(\varphi_t)_\theta}.$$

$$=e^{2\theta i}\frac{1-\psi'(t,\theta)}{1+\psi'(t,\theta)}=e^{2\theta i}\frac{-\Sigma\psi_j'(\theta)t_j}{2+\Sigma\psi_j'(\theta)t_j}$$

满足 $\|\mu_0(t,z)\|_\infty\leqslant\dfrac{mM\delta}{2-mM\delta}\leqslant mM\delta=k<1$。

φ_t 还满足条件： $t=0$ 时 $\varphi_t = Id$，当 $t \neq s$ 时

$$\varphi_s^{-1} \circ \varphi_t \neq Id$$

且 $\varphi_s^{-1} \circ \varphi_t |_{\partial\Delta} \neq Id$，$\varphi_t$ 保持 B_0, B_1 及 $B_2 \in \partial\Delta$ 不变.

特别注意，$\mu_0(t,z)$ 满足 §4 中具有可微参数的可测 Riemann 映射定理的可微性条件.

§6. Sullivan 定理的证明

我们要证明：对于有理函数 $R, d = \deg(R) \geqslant 2$，不存在游荡稳定域．用反证法，假设存在游荡稳定域 D_0，然后导出矛盾.

对于假定的游荡域 D_0，对应有游荡域序列

$$D_0 \xrightarrow{R} D_1 \xrightarrow{R} \cdots \xrightarrow{R} D_n \xrightarrow{R} D_{n+1} \xrightarrow{R} \cdots$$

其中对 $m \neq n$，$D_m \cap D_n = \varnothing$．根据 §3 中结论：我们可以假定这是一个游荡域覆盖序列，因而由引理 3.2，它的直接极限存在，记为 $D_\infty, D_\infty \subset \mathbb{C}$，使得有下面的交换图表：

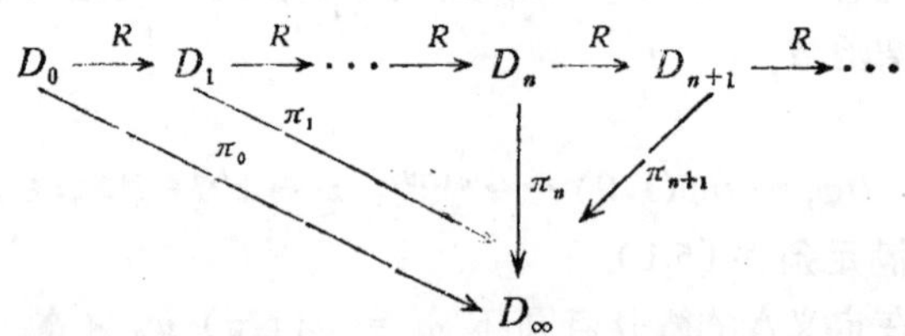

其中，对 $n=0,1,\cdots, D_n \xrightarrow{R} D_{n+1}$，$D_n \xrightarrow{\pi_n} D_\infty$ 是全纯覆盖，即 $\pi_n: D_n \to D_\infty$ 是全纯映射，且 $\pi_n = \pi_{n+1} \circ R$.

取定一个 Jordan 域 $\Delta_\infty \subset D_\infty$，根据覆盖性质，对 $n=0, 1,\cdots$，存在 Jordan 域 $\Delta_n \subset D_n$ 使得 $\pi_n: \Delta_n \to \Delta_\infty$ 及 $R: \Delta_n \to \Delta_{n+1}$ 都是共形(单叶全纯)映射．我们可以假定 Δ_0 是一个圆，因为可以缩小 Δ_∞ 使得 Δ_0 是一个圆.

我们记 Δ_0 的正向轨道为

$$O^+(\Delta_0) = \{\Delta_n = R^n(\Delta_0): n = 0, 1, \cdots\},$$

Δ_0 的大轨道为

$$O(\Delta_0) = \{\Delta_{mn}: R^m(\Delta_{mn}) = \Delta_n, \Delta_{0n} = \Delta_n, m, n = 0, 1, \cdots\}.$$

根据§5，我们定义一族拟共形映射，

$$\varphi_t = \varphi(t, z): w_0 \times \Delta_0 \to \Delta_0,$$

其中 $w_0 = \{t = (t_1, t_2, \cdots, t_m) \in \mathbb{R}^m, |t_j| < \delta, 1 \leqslant j \leqslant m, m > 4d + 2\}$，而且 φ_t 保持给定的三点 B_0，B_1 及 $B_2 \in \partial\Delta_0$ 不变，Beltrami 系数

$$\mu_0(t, z) = \frac{(\varphi_t)_{\bar{z}}}{(\varphi_t)_z}$$

满足 $\|\mu_0(t, z)\|_\infty \leqslant k < 1$，特别当 $t \neq s$ 时 $\varphi_s^{-1} \circ \varphi_t | \partial\Delta_0 \neq Id$.

现在，在 Δ_n 定义 $\mu_n(t, z)$，使得

$$\mu_{n+1}(t, z) = \mu_n(t, R^{-1}(z)) \frac{\overline{(R^{-1})'(z)}}{(R^{-1})'(z)},$$

反之即得

$$\mu_n(t, z) = \mu_{n+1}(t, R(z)) \frac{\overline{R'(z)}}{R'(z)}.$$

其次，依次定义 $\mu_{mn}(t, z)$ 于 $\Delta_{mn} \subset O(\Delta_0)$，使得

$$\mu_{mn}(t, z) = \mu_{m-1,n}(t, R(z)) \frac{\overline{R'(z)}}{R'(z)}.$$

最后，我们定义 $\mu(t, z)$ 于 $\hat{\mathbb{C}}$，使得当 $z \in \Delta_{m,n} \subset O(\Delta_0)$ 时

$$\mu(t, z) = \mu_{mn}(t, z),$$

否则令 $\mu(t, z) = 0$，则 $\|\mu(t, z)\|_\infty \leqslant k < 1$，且

$$\mu(t, z) = \mu(t, R(z)) \frac{\overline{R'(z)}}{R'(z)},$$

此即 $\mu(t, z)$ 满足引理 4.1 中关于 R 的拟共形形变的条件. 此外，根据构造方法，不难验证 $\mu(t, z)$ 满足§4 中具有可微参数的可测 Riemann 映射定理的条件. 根据这一定理，存在一族拟共形映射

$$\Phi_t = \Phi(t, z): w_0 \times \hat{\mathbb{C}} \to \hat{\mathbb{C}},$$

Φ_t 保持固定的三点 B_0，B_1 及 $B_2 \in \partial\Delta_0$ 不变，$\Phi(t, z)$ 在 $w_0 \times \hat{\mathbb{C}}$ 连续，而对于固定的 z，$\Phi(t, z)$ 作为 t 的函数在 w_0 是可微的，再

根据引理 4.1，

$$R_t = \Phi_t \circ R \circ \Phi_t^{-1}: \hat{\mathbb{C}} \to \hat{\mathbb{C}}$$

是有理函数。

设 R 的临界值之集为 $V = \{a_1, a_2, \cdots, a_q\}$，$q \leqslant 2d-2$，则 R_t 的临界值之集为

$$V_t = \{\Phi(t, a_1), \Phi(t, a_2), \cdots, \Phi(t, a_q)\},$$

假定给定的点 B_0, B_1 及 $B_2 \notin V$，再取定三点 A_0, A_1 及 $A_2 \in \mathbb{C}$，使得 $R(A_k) = B_k$，$k = 0, 1, 2$，考虑定义于 w_0 的 $q+3$ 个可微函数，

$$\Phi(t, a_j), \quad j = 1, 2, \cdots, q,$$

$$\Phi(t, A_k), \quad k = 0, 1, 2.$$

注意 $m > q+3$. 应用隐函数存在性定理，存在 $s = (s_1, s_2, \cdots, s_m) \in w_0$，在 s 的邻域内，存在一个子流形，因而存在一非退化弧

$$\gamma: [0, 1] \to w_0, \ u \to t = \gamma(n), \ \gamma(0) = s.$$

使得对 $\forall t \in \gamma$，有

$$\Phi(t, a_j) = \Phi(s, a_j), \ j = 1, 2, \cdots, q,$$

$$\Phi(t, A_k) = \Phi(s, A_k), \ k = 0, 1, 2.$$

因而根据引理 4.2，得到

$$(\Phi_s^{-1} \circ \Phi_t) \circ R \circ (\Phi_s^{-1} \circ \Phi_t)^{-1} = R,$$

由此推出

$$(\Phi_s^{-1} \circ \Phi_t)(J(R)) = J(R).$$

再根据引理 4.3，对 $\forall t \in \gamma$ 有

$$\Phi_s^{-1} \circ \Phi_t |_{J(R)} = Id,$$

而由此推出，$\Phi_s^{-1} \circ \Phi_t |_{D_0}: D_0 \to D_0$，及 $\Phi_s^{-1} \circ \Phi_t |_{D_n}: D_n \to D_n$ 都是拟共形自映射，$n = 1, 2, \cdots$

现在我们要扩大 $O(\Delta_0)$ 为 $O(\Delta_0)$，使得 $\Phi_s^{-1} \circ \Phi_t$ 在 $\hat{\mathbb{C}} - O(\tilde{\Delta}_0)$ 是解析映射，类似 $O(\Delta_0)$ 的作法，存在 Δ_0 的同心圆 $\tilde{\Delta}_0$ 使得 $\tilde{\Delta}_0 \subset \tilde{\Delta}_0$，及 Jordan 域 $\tilde{\Delta}_\infty$，使得 $\tilde{\Delta}_\infty \subset \tilde{\Delta}_\infty$，且 $\pi_0: \tilde{\Delta}_0 \to \tilde{\Delta}_\infty$ 是共形映射，定义

$$O^+(\tilde{\Delta}_0) = \{\tilde{\Delta}_n = R^n(\tilde{\Delta}_0): n = 0, 1, \cdots\},$$

$$O(\tilde{\Delta}_0)=\{\tilde{\Delta}_{mn}:R^m(\tilde{\Delta}_{mn})=\tilde{\Delta}_{0n}=\tilde{\Delta}_n, m,n,=0,1,\cdots\}.$$

对 $\forall\Phi_t$ 在 $O(\Delta_0)$ 外是解析映射，容易看出，当 $t\in\gamma$ 而充分接近于 s 时，$\Phi_s^{-1}\circ\Phi_t$ 在 $O(\tilde{\Delta}_0)$ 外是解析映射，假定对 $\forall t\in\gamma$，$\Phi_s^{-1}\circ\Phi_t$ 在 $O(\tilde{\Delta}_0)$ 外是解析映射，应用 $\Phi_s^{-1}\circ\Phi_t$ 的性质，可以诱导拟共形映射 $\Psi_{st}:D_\infty\to D_\infty$ 定义为

$$\Psi_{st}(\zeta)=(\pi_0\circ\Phi_s^{-1}\circ\Phi_t)(\pi_0^{-1}(\zeta)).$$

这样定义是合理的，即与 $\pi_0^{-1}(\zeta)$ 所取之值无关. 事实上，对 $\forall z_1$，$z_2\in\pi_0^{-1}(\zeta)$. 一定存在 $k>0$，使得 $R^k(z_1)=R^k(z_2)$，因而有

$$\begin{aligned}(\pi_0\circ\Phi_s^{-1}\circ\Phi_t)(z_1)&=(\pi_k\circ R^k\circ\Phi_s^{-1}\circ\Phi_t)(z_1)\\&=(\pi_k\circ\Phi_s^{-1}\circ\Phi_t\circ R^k)(z_1),\\(\pi_0\circ\Phi_s^{-1}\circ\Phi_t)(z_2)&=(\pi_k\circ R^k\circ\Phi_s^{-1}\circ\Phi_t)(z_2)\\&=(\pi_k\circ\Phi_s^{-1}\circ\Phi_t\circ R^k)(z_2),\end{aligned}$$

因此

$$\begin{aligned}(\pi_0\circ\Phi_s^{-1}\circ\Phi_t)\pi^{-1}(\zeta)&=(\pi_0\circ\Phi_s^{-1}\circ\Phi_t)(z_1)\\&=(\pi_0\circ\Phi_s^{-1}\circ\Phi_t)(z_2).\end{aligned}$$

这就证明 Ψ_{st} 的定义是合理的.

Ψ_{st} 在 $D_\infty-\tilde{\Delta}_\infty$ 解析，$\Psi_{ss}=Id$.

我们可以证明，对 $\forall t\in\gamma$，$\Phi_s^{-1}\circ\Phi_t|_{(D_0-O(\tilde{\Delta}_0))}=Id$，分两种情况证之如下：

(i) D_∞ 的理想边界的调和测度不存在. 这时，根据引理 3.3，$\Psi_{st}|_{(D_\infty-\tilde{\delta}_\infty)}$ 可开拓为定义于 $\hat{\mathbb{C}}-\tilde{\Delta}_\infty$ 的解析函数，且记为 Ψ_{st}，Ψ_{st} 把∂D_∞ 映为 ∂D_∞，∂D_∞ 是一个完全不连通的点集，对 $\forall\zeta\in\partial D_\infty$，$\Psi_{st}(\zeta)$ 是 $t\in\gamma$ 的连续函数. 由于 ∂D_∞ 的完全不连通性，$\Psi_{st}(\zeta)$ 是常数，$\Psi_{st}(\zeta)=\Psi_{ss}(\zeta)=\zeta$. 但 ∂D_∞ 由无穷多点组成. 因此 $\Psi_{st}|_{(D_\infty-\tilde{\Delta}_\infty)}=Id$，由此推出 $\Phi_s^{-1}\circ\Phi_t|_{(D_0-O(\tilde{\Delta}_0))}=Id$，$\forall t\in\gamma$.

(ii) D_∞ 的理想边界的调和测度存在，这时，存在定义于 $D_\infty-\tilde{\Delta}_\infty$ 的调和函数 u，使得 $u|\partial\tilde{\Delta}_0=1$，且 $0<u<1$.

作万有覆盖 $\tilde{\pi}_0$: $\Delta\to D_0-O(\tilde{\Delta}_0)$. Δ 是单位圆. 则有一列覆盖

$$\Delta \xrightarrow{\tilde{\pi}_0} D_0 - O(\tilde{\Delta}_0) \xrightarrow{\pi_0} D_\infty - \tilde{\Delta}_\infty$$

在 $D_0 - O(\tilde{\Delta}_0)$处定义调和函数 $u_0(z) = u(\pi_0(z))$，$0 < u_0 < 1$，对任何 $\tilde{\Delta}_{mn} \subset D \cap O(\tilde{\Delta}_0)$，$u_0|_{\partial \tilde{\Delta}_{mn}} = 1$.

再定义Δ内的调和函数 $\tilde{u}_0(w) = u_0(\tilde{\pi}_0(w))$. 根据 Fatou 关于边界值的定理[Ts]，对几乎处处的 $\tau \in \partial\Delta$，当w沿$\partial\Delta$的非切方向趋于τ时，极限 $\lim\limits_{w \to \tau} \tilde{\pi}_0(w)$ 存在，这个极限值在 $\partial\tilde{\Delta}_{mn}$ 上或在 ∂D_0 上，设 $E = \{\tau \in \partial\Delta$，非切向极限 $\lim\limits_{w \to \tau} \tilde{\pi}_0(w)$ 存在，且值在 $\partial\tilde{\Delta}_{mn}$ 上，$\tilde{\Delta}_{mn} \subset D_0\}$. 则 $0 \leqslant \mathrm{mes}(E) < 2\pi$. 若不然，$\mathrm{mes}(E) = 2\pi$，则对几乎处处的 τ，非切向极限

$$\lim_{w \to \tau} \tilde{u}_0(w) = \lim_{w \to \tau} u_0(\tilde{\pi}_0(w)) = 1.$$

由调和函数的边值性质知 $u_0(\tilde{\pi}_0(w)) \equiv 1$，因而 $u_0 \equiv 1$，这与 $0 < u_0 < 1$ 矛盾.

令 $E_0 = \partial\Delta - E$，则 $\mathrm{mes}(E_0) > 0$，对几乎处处的 $\tau \in E$，非切向极限 $\lim\limits_{w \to \tau} \tilde{\pi}_0(w)$ 存在且其值在 ∂D_0 上.

考虑定义于 $D_0 - O(\tilde{\Delta}_0)$ 的全纯函数

$$f_{st}(z) = \Phi_s^{-1} \circ \Phi_t(z) - z,$$

由于在∂D_0 上 $\Phi_s^{-1} \circ \Phi_t(z) = z$，在$\partial D_0$ 上 $f_{st} = 0$. 在Δ内定义 $\tilde{f}_{st}(w) = f_{st}(\tilde{\pi}(w))$，$\tilde{f}_{st}$是$\Delta$内的有界全纯函数. 由 Fatou 边界值定理，对几乎处处的 $\tau \in E$，当w沿非切向趋于τ时，$\tilde{\pi}_0(w)$趋于∂D_0 上的点，因此非切向极限

$$\lim_{w \to \tau} \tilde{f}(w) = \lim_{w \to \tau} f_{st}(\tilde{\pi}_0(w)) = 0.$$

由于 $\mathrm{mes}(E) > 0$，根据 Lusion-Privaloff 定理[Ts]，$\tilde{f}_{st}(w) \equiv 0$. 因而 $f_{st}(z) \equiv 0$，即在 $D_0 - O(\tilde{\Delta}_0)$ 内 $\Phi_s^{-1} \circ \Phi_t(z) = z$.

由 (i) 与 (ii)，我们证明了 $\Phi_s^{-1} \circ \Phi_t$ 在 $D_0 - O(\tilde{\Delta}_0)$ 及其边界上是恒等映射，特别，$\Phi_s^{-1} \circ \Phi_t|_{\partial \tilde{\Delta}_0} = Id, t \in \gamma$.

现在，限制在 $\tilde{\Delta}_0$ 内，我们知道 $\Phi_s^{-1} \circ \Phi_t$ 在$\partial\tilde{\Delta}_0$的邻域内解析且是恒等映射. 而 Φ_s 及 Φ_t 在 $\tilde{\Delta}_0 - \Delta_0$ 解析. 不难证明，$\Phi_s^{-1} \circ \Phi_t$ 在 $\tilde{\Delta}_0 - \Delta_0$ 解析且是恒等映射. 于是 $\Phi_s^{-1} \circ \Phi_t|_{\partial \Delta_0} = Id$.

再回忆到前面，我们知道，Φ_s 与 φ_s,Φ_t 与 φ_t 具有相同的 Beltrami 系数,因此在 Δ_0 内，$\varphi_s\circ\Phi_s^{-1}$，$\Phi_t\circ\varphi_t^{-1}$ 是 Δ_0 的共形同胚，且保持 B_0,B_1 及 $B_2\in\partial\Delta_0$ 不变. 由此推出 Δ_0 内共形自同胚.

$$(\varphi_s\circ\Phi_s^{-1})\circ(\varphi_t\circ\Phi_t^{-1})^{-1}=\varphi_s\circ\Phi_s^{-1}\circ\Phi_t\circ\varphi_t^{-1}=Id,$$

$t\in\gamma$，特别有 $\varphi_s^{-1}\circ\varphi_t|_{\partial\Delta_0}=\Phi_s^{-1}\circ\Phi_t|_{\partial\Delta_0}=Id$，这便与条件当 $t\neq s$ 时，$\varphi_s^{-1}\circ\varphi_t|_{\partial\Delta_0}\neq Id$ 相矛盾,从而证明了 Sullivan 定理.

第三章 有理函数动力系统周期稳定域的 Sullivan 分类

本章前三节主要讨论双曲 Riemann 曲面的解析自映照的动力学性质. 在此基础上,我们在第4,5节证明有理函数周期稳定域的 Sullivan 分类定理,从而对有理函数在其稳定域上的动力系统性质有了一个比较完整的刻画. 最后我们讨论 Sullivan 分类定理的一些应用.

§1. 双曲型 Riemann 曲面解析自映照的 Schwarz 引理

首先,我们建立单位圆Δ的双曲度量形式的 Schwarz 引理.

单位圆Δ的共形自映照是线性分式变换,一般形式为

$$A(z)=e^{i\alpha}\frac{z-z_0}{1-\bar{z}_0z},\quad z_0\in\Delta,\quad \alpha\in\mathbb{R},$$

我们称之为非欧变换,其组成的群称为非欧变换群;作为非欧平面的单位圆Δ, 其 Poincare 度量或称双曲度量为

$$ds=\frac{2|dz|}{1-|z|^2}.$$

双曲度量在非欧变换 $w=A(z)$ 下不变,即

$$\frac{2|dz|}{1-|z|^2}=\frac{2|dw|}{1-|w|^2}.$$

Schwarz 引理(双曲度量形式) 设 $f:\Delta\to\Delta$ 为解析映照,则

$$\frac{|f(z_1)-f(z_2)|}{|1-\overline{f(z_1)}f(z_2)|}\leqslant\frac{|z_1-z_2|}{|1-\bar{z}_1z_2|},\quad z_1,\ z_2\in\Delta,$$

$$\frac{|f'(z)|}{1-|f(z)|^2} \leqslant \frac{1}{1-|z|^2},$$

其中等号成立当且仅当 $f:\Delta \to \Delta$ 是线性分式变换,即非欧变换.

换言之, Schwarz 引理的结论是:

(i) f 严格减少双曲度量;

(ii) f 保持双曲度量,这时,当且仅当 f 是非欧变换.

设 D 为双曲型 Riemann 曲面, 按定义 D 的万有覆盖是单位圆 Δ, 设为 $\pi:\Delta \to D$, π 为解析投影映照. 设万有覆盖变换群为 Γ, Γ 由 Δ 上的一些非欧变换组成. 对 $\forall a \in D$, $\forall A \in \Gamma$, A 把 $\pi^{-1}(a)$ 变为其自身 $\pi^{-1}(a)$, 而对 $z \in \pi^{-1}(a)$, 有

$$\pi^{-1}(a) = \{A(z): A \in \Gamma\},$$

即 $\pi^{-1}(a)$ 是离散(间断)群 Γ 的一条轨道. 由此推出, Δ 的双曲度量在 $\pi^{-1}(a)$ 上的点不变. 根据这一性质, 可通过 π 定义 D 的双曲度量,对 $\forall a \in D$, 在 D 的邻域内,由于 π 是局部解析同胚,我们取 $w = \pi(z)$ 作为局部参数,在 D 内定义度量为

$$\lambda(w)|dw| = \frac{2|dz|}{1-|z|^2}, \ w = \pi(z).$$

这样定义的度量,我们称为双曲型 Riemann 曲面 D 的双曲度量.

Schwarz 引理 (一般形式) 设 D 为双曲型 Riemann 曲面, $R:D \to D$ 为解析映照,则仅有下列情况之一成立:

(i) R 严格减小双曲度量;

(ii) R 保持双曲度量; 这时,当且仅当 $R:D \to D$ 是覆盖映照.

证明 通过万有覆盖 $\pi:\Delta \to D$, 提升 $R: D \to D$ 为 $\tilde{R}: \Delta \to \Delta$, 使得有交换图表

$$\begin{array}{ccc} \Delta & \xrightarrow{\tilde{R}} & \Delta \\ \pi \downarrow & & \downarrow \pi \\ D & \xrightarrow{R} & D \end{array}.$$

$\tilde{R}:\Delta \to \Delta$ 是解析映照, 根据双曲度量形式的 Schwarz 引理, 有 (i) $\tilde{R}$ 严格减小 Δ 的双曲度量,因而 R 严格减小 D 的双曲度量;

(ii) $\widetilde{R}$ 保持Δ的双曲度量，从而R保持D的双曲度量．我们只需证 $\widetilde{R}$ 是Δ的非欧变换，当且仅当 $R:D\to D$ 是覆盖映照．事实上，如果 $R:D\to D$ 是覆盖，则 $\widetilde{R}:\Delta\to\Delta$．也是覆盖，因此 $\widetilde{R}$ 是线性分式变换，即非欧变换．反之，也不难验证 $R:D\to D$ 是覆盖．

注意：提升 $\widetilde{R}:\Delta\to\Delta$ 对于万有覆盖群Γ是自守的，具有性质：对 $\forall A\in\Gamma$，存在 $B\in\Gamma$，使得 $\widetilde{R}\circ A=B\circ\widetilde{R}$．在情况 (ii) 下，$\widetilde{R}:\Delta\to\Delta$ 是非欧变换，我们有 $\widetilde{R}\circ A\circ\widetilde{R}^{-1}\in\Gamma$，且有 $\widetilde{R}\circ\Gamma\widetilde{R}^{-1}=\Gamma$．但 $\widetilde{R}$ 不一定是Γ中的变换．如果 $\widetilde{R}\in\Gamma$，则 $R:D\to D$ 一定是共形映照．因此，在情况 (ii) 下，将再分两种情况讨论如下．

引理 1.1 如果 $R:D\to D$ 是共形映照，则仅有下列情况之一成立：

a) 存在 Riemann 曲面 D_∞ 及投影映照 π_∞，使得 $\pi_\infty:D\to D_\infty$ 是覆盖，$R:D\to D$ 是覆盖变换；

b) R是有限阶的，即存在n，使得 $R^n=I(Id)$；

c) D共形等价于单位圆 Δ，$\Delta^*=\Delta-\{0\}$ 或圆环 $\Delta(r,1)=\{z:0<r<|z|<1\}$，$R$共形共轭于 Δ,Δ^* 或 $\Delta(r,1)$ 的无理旋转 $z\longmapsto e^{2\pi i\alpha}z$，$\alpha$是无理数．

证明 用万有覆盖 $\pi:\Delta\to D$ 提升 $R:D\to D$ 为 $\widetilde{R}:\Delta\to\Delta$，则 $\widetilde{R}$ 是Δ的非欧变换，对于万有覆盖变换群Γ有，$\widetilde{R}\circ\Gamma\circ\widetilde{R}^{-1}=\Gamma$．

考虑D的共形自映照群

$$G=\{R^n:n=0,\pm1,\pm2,\cdots\}$$

提G为Δ的群

$$\widetilde{G}=\{\widetilde{R}^n:n=0,\pm1,\pm2,\cdots\},$$

其中 $\widetilde{R}=\pi^{-1}\circ R\circ\pi$，$\widetilde{R}^n=\pi^{-1}\circ R^n\circ\pi$．现在分两种情况讨论如下：

(i) $\widetilde{G}$ 与G是间断群．这时，如果 $\widetilde{R}$ 是椭圆变换，则根据 $\widetilde{G}$ 的间断性，$\widetilde{R}$ 是有限阶的，存在n，使得 $\widetilde{R}^n=I$，因而投影 $R^n=I$，即为情况 b)；如果 $\widetilde{R}$ 不是椭圆变换，则根据 $\widetilde{G}$ 与G的

间断性，对 $\forall z_0 \in D$，轨道 $\{R^n(z_0): n = 0, \pm 1, \pm 2, \cdots\}$ 在D内没有极限点，且存在 z_0 的局部参数圆 V_{z_0}，使得 $R^n(V_{z_0})$ 互不相交. 记所有轨道的集为

$$D_\infty = \{R^n(z): z \in D\}.$$

D_∞ 中的点 $R^n(z)$ 的局部参数邻域为任意一个 $R^n(V_{z_0})$. 不难验证，D_∞ 成为一个 Riemann 曲面，定义自然投影映照 π_∞: $D \to D_\infty$，$z \longmapsto R^n(z)$，则 π_∞: $D \to D_\infty$ 是覆盖. 这时，z 与象点 $R(z)$ 经过映照 π_∞ 对应 D_∞ 内相同的点，根据定义 $R: D \to D$ 是覆盖变换. 总之，这就是情况 a).

(ii) $\tilde{G}$ 与G是非间断群，这时，由于Δ的非欧变换组成的群的间断性与离散性等价，$\tilde{G}$是非离散群. 根据非离散群的性质，$\tilde{G}$中存在非恒等变换的序列 $\tilde{R}^{n_j}$，使得当 $n_j \to \infty$ 时，$\tilde{R}^{n_j} \to I$. 由于 $\tilde{R}^n$ 是 R^n 的提升，因此，对 $\forall A \in \Gamma$，$\tilde{R}^n \cdot A\tilde{R}^{-n} \in \Gamma$，因此，$A \circ \tilde{R}^{n_j} \circ A^{-1} \circ \tilde{R}^{-n_j} \in \Gamma$. 但是$\Gamma$中的序列

$$A \circ \tilde{R}^{n_j} \circ A^{-1} \circ \tilde{R}^{-n_j} \to I, \quad n_j \to \infty$$

根据Γ的离散性，对充分大的 n_j，都有

$$A \circ \tilde{R}^{n_j} \circ A^{-1} \circ \tilde{R}^{-n_j} = I \text{ 或 } A \circ \tilde{R}^{n_j} = \tilde{R}^{n_j} \circ A$$

现在，我们要应用关于可交换线性分式变换的一个引理：

引理 设 A, B 均为线性分式变换，都不等于 I，$AB = BA$. 则

1) A, B 都是抛物变换，且有公共不动点.

2) A, B 都不是抛物变换，或者 A, B 两个不动点相同；或者 A, B 两个不动点都不相同，A, B 是椭圆变换且

$$A^2 = B^2 = (AB)^2 = I.$$

根据这一引理，注意到 $\tilde{R}: \Delta \longmapsto \Delta$ 是非欧变换，$\tilde{R}$ 只能是椭圆变换，抛物或双曲变换，Γ是万有覆盖变换群，它只能由抛物与双曲变换组成，我们仅有下列情况：

$\tilde{R}$ 是椭圆变换，$\Gamma = \{I\}$. 因此D共形等价于Δ，由于$\tilde{G}$的非间断性，R共形共轭于无理旋转. 即$\tilde{R}$是无穷阶椭圆变换；

$\tilde{R}$ 是抛物变换，则Γ由具有公共不动点的抛物变换组成. 根

据Γ的离散性，Γ是由一个抛物变换生成的无限循环群. D共形等价于 $\Delta/\Gamma = \Delta^*$, $R:D \to D$ 共形共轭于无理旋转.

$\tilde{R}$ 是双曲变换，Γ是由具有共同不动点的双曲变换组成，根据Γ的离散性，Γ是由一个双曲变换生成的无限循环群。D共形等价于 $\Delta/\Gamma = \Delta(r,1)$, $R:D \to D$ 共形共轭于无理旋转。总之，得到情况 c). 引理得证.

引理 1.2 如果 $R:D \to D$ 是覆盖，但不是共形自映照，则仅有下列情况之一成立:

d) D共形等价于 $\Delta^* = \Delta - \{0\}$, R共形共轭于映照 $z \longmapsto z^n$, n为正整数.

e) 存在 Riemann 曲面 D_∞, 投影映照 π_∞: $D \to D_\infty$, 使得 $\pi_\infty:D \to D_\infty$ 是覆盖，且存在共形映照 $R_\infty:D_\infty \to D_\infty$, 使得 D_∞作为另一 Riemann 曲面的覆盖曲面，R_∞ 是覆盖变换，而R是 R^∞ 在D的提升.

证明 假如D是初等 Riemann 曲面，这时，D共形等价于 Δ, Δ^* 或圆环 $\Delta(r,1)$.

D不共形等价于Δ. 否则，$R:\Delta \to \Delta$ 是共形映得，而与假设矛盾.

D不共形等价于$\Delta(r,1)$. 否则，可以证明$R:\Delta(r,1) \to \Delta(r,1)$是旋转 $z \longmapsto e^{i\alpha}z$, 这是共形映照，而与假设矛盾.

当D共形等价于 $\Delta^* = \Delta - \{0\}$ 时，$R:\Delta^* \to \Delta^*$ 可开拓到O点而成为分歧覆盖，O是分歧点，R必为映照 $z \longmapsto z^n$, 这就出现情况 d).

当D是非初等 Riemann 曲面时，设D的万有覆盖为 π: $\Delta \to D$, 万有覆盖变换群为Γ. 提升 $R: \Delta \to \Delta$ 为 $\tilde{R}: \Delta \to \Delta$, 则由假设 $\tilde{R}$ 是Δ的非欧变换，且有 $\Gamma \subset \tilde{R}^{-1}\Gamma\tilde{R}$, 这是因为对 $\forall A \in \Gamma$, 存在 $B \in \Gamma$, 使得 $\tilde{R} \circ A = B \circ \tilde{R}$. 因此，$A = \tilde{R}^{-1} \circ B \circ \tilde{R} \in \tilde{R}^{-1}\Gamma\tilde{R}$, 于是，我们得到群序列

$$\Gamma \subset \tilde{R}^{-1}\Gamma\tilde{R} \subset \cdots \subset \tilde{R}^{-n}\Gamma\tilde{R}^n \subset \cdots$$

由于Γ是不包含椭圆变换的非初等群，即非交换群，序列中的

群 $\widetilde{R}^{-n}\Gamma\widetilde{R}^{n}$ 是非交换群且不包含椭圆变换，根据群的离散性的 Nielson 定理。$\Gamma_\infty=\bigcup_{n=0}^{\infty}\widetilde{R}^{-n}\Gamma\widetilde{R}^{n}$ 是离散群。因此，可以定义 Riemann 曲面。

$$D_\infty=\Delta/\Gamma_\infty=\{\Gamma_\infty z:z\in\Delta\},$$

其中 $\Gamma_\infty z=\{Az:A\in\Gamma_\infty\}$ 是 z 在 Γ_∞ 的轨道，而把它看作 D_∞ 的一个点。定义自然投影 $\pi'_\infty:\Delta\to D_\infty$，使得 $z\longmapsto\Gamma_\infty z$，于是 $\pi'_\infty:\Delta\to D_\infty$ 是覆盖。由于 D 共形等价于 Δ/Γ，我们可诱导 π_∞: $D\to D_\infty$ 使 $\Gamma_z\longmapsto\Gamma_\infty z$，得到覆盖 $\pi_\infty:D\to D_\infty$。由于有

$$\widetilde{R}^{-1}\Gamma_\infty\widetilde{R}=\Gamma_\infty,$$

可以定义共形映照 R_∞: $D_\infty\to D_\infty$。使 $\Gamma_\infty z\longmapsto\Gamma_\infty\widetilde{R}(z)$，$R_\infty$ 对 π'_∞ 在 Δ 的提升为 $\widetilde{R}$，对 π_∞ 在 D 的提升为 $R:D\to D$。现在,对共形映照 $R_\infty:D_\infty\to D_\infty$ 应用引理 1.1,注意到只有其中的情况 a) 出现,因而存在 Riemann 曲面 D'_∞ 及覆盖 π''_∞: $D_\infty\to D'_\infty$,使得 R_∞: $D_\infty\to D_\infty$ 是覆盖 π''_∞: $D_\infty\to D'_\infty$ 的覆盖变换。这就是情况 e)。引理得证。

§2. 双曲型 Riemann 曲面的解析自映照的动力学性质

设 D 为双曲型 Riemann 曲面，R: $D\to D$ 为解析映照。我们可以定义迭代 $R^n:D\to D$,且可以定义周期点 $R^p(z_0)=z_0$，z_0 称为吸性(超吸性)的,如果 $|(R^n)'(z_0)|<1$。注意，这里的特征值 $(R^n)'(z_0)$ 与 z_0 邻域内的局部参数的选取无关。这一节我们主要证明下面的定理:

定理 2.1 设 D 为双曲型 Riemann 曲面，$R:D\to D$ 为解析映照,则仅有下列情况之一成立:

1) R 在 D 内趋于 ∞，即对 $\forall z\in D$,当 $n\to\infty$ 时，$R^n(z)\to\partial D$，这就是说，对任意紧集 $K\subset D$，存在 N，使得当 $n\geqslant N$ 时，$R^n(z)\in D-K$。

2) R有唯一的吸性(超吸性)不动点$\alpha \in D$，使得 $R(\alpha)=\alpha$，$|R'(\alpha)|<1$，且对 $\forall z \in D$，当 $n \to \infty$时 $R^n(z) \to \alpha$.

3) D共形等价于单位圆 $\Delta, \Delta^* = \Delta - \{0\}$ 或圆环 $\Delta(r,1)$，对应地R共形共轭于Δ，Δ^*或圆环 $\Delta(r, 1)$ 的无理旋转 $\zeta \longmapsto e^{2\pi i\theta}\zeta$，$\theta$是无理数.

4) R是有限阶的，即存在n，使得 $R^n = Id$.

证明 根据§1中 Schwarz 引理，仅出现情况：(i) R严格减小D的双曲度量. (ii) R保持D的双曲度量，而这时 $R: D \to D$ 是覆盖.

在情况(ii)下，则仅出现引理1.1及引理1.2中的情况 a)—e). 引理1.1中的c)即定理中的3)；引理1.1中的 b) 即定理中的 4).

在引理1.1中 a) 及引理1.2中e)的情况下，$R: D \to D$ 是覆盖变换，或是另一覆盖变换 $R_\infty: D_\infty \to D_\infty$ 在D的提升，不难看出，对 $\forall z \in D$，$R^n(z)$ 在D内没有极限点，因而当 $n \to \infty$ 时，$R^n(z) \to \infty$，这就是定理中的1). 另外，在引理1.2中 d) 情况下D共形等价于Δ^*，R共形共轭于 $\zeta \longmapsto \zeta^n$，不难验证，这也属于定理中的 1).

现在讨论 (i) $R: D \to D$ 严格减小双曲度量的情况. 对 $x_1, x_2 \in D$，x_1 与 x_2 的双曲距离记为 $d_H(x_1, x_2)$，则这时有

$$d_H(R(z_1), R(z_2)) < d_H(z_1, z_2).$$

我们也分两种情况讨论之，其一，对 $\forall z \in D$，$R^n(z) \to \infty$，此即为引理中的 1).

其二是，存在 $z_0 \in D$ 及子序列 R^{n_j}，使得当 $n_j \to \infty$ 时，$R^{n_j}(z_0) \to \alpha$，$\alpha \in D$. 首先我们要证明α是不动点，$R(\alpha)=\alpha$，且有 $|R'(\alpha)|<1$. 这是由于在以α为心的充分大的双圆内存在 $0<K<1$，使得对这圆内任意两点 z_1, z_2 有

$$d_H(R(z_1), R(z_2)) \leqslant K d_H(z_1, z_2),$$

因而得到

$$d_H(R^{n_j+1}(z_0), R^{n_j}(z_0)) \leqslant K d_H(R^{n_j}(z_0), R^{n_j-1}(z_0))$$

$$\leqslant \cdots \leqslant K^{n_j} d_H(R(z_0), z_0).$$

因此，当 $n_j \to \infty$ 时，我们得到

$$d_H(R(\alpha), \alpha) = 0, \ R(\alpha) = \alpha.$$

另外，由于 R 严格减小双曲变量，容易证明 $|R'(\alpha)| < 1$，且不动点 α 是唯一的，同时，这也说明对 $R^n(z_0)$ 的任何收敛子序列都收敛于不动点且是 α. 因此，当 $n \to \infty$ 时，$R^n(z_0) \to \alpha$.

最后，我们要证明，对 $\forall z \in D$，当 $n \to \infty$ 时，$R^n(z) \to \alpha$. 事实上，从上面的 $K < 1$，我们有

$$d_H(R^n(z), \alpha) = d_H(R^n(z), R^n(\alpha))$$
$$\leqslant K d_H(R^{n-1}(z), R^{n-1}(\alpha)) \leqslant \cdots \leqslant K^n d_H(z, \alpha).$$

因而 $n \to \infty$ 时，$R^n(z) \to \alpha$. 这就得到定理中的 2)，定理全部得证。

§ 3. $R^n(z) \to \partial D$ 情况下的动力学性质

这一节中，我们假定 $D \subset \mathbb{C}$，即 D 是双曲型平面域，而进一步讨论定理 2.1 的情况 1)。假设对 $\forall z \in D$，$R^n(z) \to \infty$，此即 $R^n(z) \to \partial D$.

根据假设 D 是平面双曲型域，∂D 一定多于两点，D 有一个双曲度量，记之为 $\mu(z)|dz|$. $\mathbb{C}$ 的球面度量 $\frac{2|dz|}{1+|z|^2}$ 限制在 D 内，得到 D 的球面度量，记之为 $\lambda(z)|dz|$，这时，我们有下面的结论：

引理 3.1 当 $z \longmapsto \partial D$ 时，

$$\frac{\mu(z)}{\lambda(z)} \to \infty.$$

证明 假若不然，则存在 D 内的序列 $z_k \to a \in \partial D$，使得对 $\forall K$，有

$$\frac{\mu(z_k)}{\lambda(z_k)} \leqslant C,$$

其中 C 为常数，再取定两点 b, $c\in\partial D$, 经分式线性变换后，不妨设 $(a,b,c)=(0,1,\infty)$. 设 $\lambda_0(z)|dz|$ 为 $\hat{\mathbb{C}}-\{0,1,\infty\}$ 的双曲度量，则根据 [A2] 有 $\lambda_0(z)\leqslant\mu(z)$, 及当 $z\to 0$ 时，有

$$\mu(z)\geqslant\lambda_0(z)=O\left(\frac{1}{|z|\log\left(\frac{1}{|z|}\right)}\right).$$

因此，当 $z_k\to 0(=a)$ 时，

$$\frac{\mu(z_k)}{\lambda(z_k)}\to\infty,$$

从而得到矛盾，引理得证.

引理 3.2 设 $L_n\subset D$ 为一序列可求长的弧，$L_n\to\partial D$, 即对任何紧集 K, 当 n 充分大时，$L_n\in D-K$, 再设 L_n 在双曲度量下的长度 $L_H(L_n)$ 有界. 则当 $n\to\infty$ 时，L_n 在球面度量下的长度 $L_s(L_n)\to 0$.

证明 根据引理 3.1，我们有，当 $n\to\infty$ 时，

$$L_s(L_n)=\int_{L_n}\lambda(z)|dz|=\int_{L_n}\frac{\lambda(z)}{\mu(z)}\mu(z)|dz|\to 0.$$

假设 $z_1,z_2\in D$ 在球面度量下的距离为 $d_s(z_1,z_2)$, 作为引理 3.2 的直接推论，我们有：

引理 3.3 设 $R:D\to D$ 为解析映照，$R^n(z)\to\partial D$, 则对 $\forall z_1,z_3\in D$, 当 $n\to\infty$ 时，

$$ds(R^n(z_1),\ R^n(z_2))\to 0.$$

证明 设 L_0 为 D 内连接 z_1 与 z_2 的逐段解析弧，$L_n=R^n(L_0)$. 由于 R^n 在 L_0 的邻域内正规，且对 $\forall z\in L_0$, $R^n(z)\to\partial D$. 因此，容易证明 $L_n\to\partial D$; 另外，由于 R 减小 D 的双曲度量，$L_H(L_0)\leqslant L_H(L_1)$. 现在，应用引理 3.2 便得到 $n\to\infty$ 时，

$$d_s(R^n(z_1),\ R^n(z_2))\leqslant L_s(L_n)\to 0.$$

引理得证.

∂D 的附加假设：$R:D\to D$ 可开拓为 $R:D\cup\partial D\to D\cup\partial D$, 满足连续条件，即 R 在 ∂D 上的连续点集与 ∂D 的非退化连通分

支之交集是不可数集．另外，R在 ∂D 上的不动点最多有可数多个．

注　当R是有理函数，或整函数，而D是不变稳定域时，∂D的附加假设是成立的．

引理 3.4　假设 $R:D\to D$ 为解析映照，对 $\forall z, R^n(z)\to\partial D$，并且满足 ∂D 的附加假设．则存在 $z_\infty\in\partial D$，使得对 $\forall z\in D$，当 $n\to\infty$时，$R^n(z)\to z_\infty$，收敛在D内局部一致；而且，如果R开拓后在 z_∞ 连续，则 $R(z_\infty)=z_\infty$，即 z_∞ 是不动点．

证明　首先证明 z_∞ 是不动点，假设R在 z_∞ 连续，且存在 $z_\infty\in D$，使得有子序列 $R^{n_j}(z_0)\to z_\infty$，则一定有 $R(z_\infty)=z_\infty$，事实上，由引理 3.3，我们有

$$d_s(R^{n_j+1}(z_0),\ R^{n_j}(z_0))\to d_s(R(z_\infty), z_\infty)=0,$$

由此得到 $R(z_\infty)=z_\infty$.

现在证明引理结论的前一部分，给定 $z_0\in D$，作连接 z_0 到 $R(z_0)$ 的逐段解析弧 L_0，令 $L(z_0)=\bigcup\limits_{n=0}^{\infty}R^n(L_0)$，则曲线$L(z_0)$对 R 不变，$R(L(z_0)\subset L(z_0)$．由假设 $R^n(z_0)\to\partial D$，而且 $R^n(L_0)\to\partial D$，首先我们断言：$R^n(z_0)$ 的极限点集 $C\subset\partial D$ 是连通闭集．假若不然，C可分解为两个闭子集之和，且这两个闭子集分别包含于两个互不相交的开集之内．这时，必存在点列 $z_{n_j}\in R^{n_j}(z_0)$，使得 z_{n_j} 在这两个开集之外部．根据引理 3.2，我们有

$$d_s(z_{n_j},R^{n_j}(z_0))\leqslant L_s(R^{n_j}(L_0))\to 0.$$

因而 z_{n_j} 与 $R^{n_j}(z_0)$ 有相同的极限在C内，与 z_{n_j} 的取法矛盾．

根据前面所证，C的点如果是R的连续点，则同时也是不动点，而按照 ∂D 的附加假设，如果C不退化为一点，则R在C的连续点是不可数的，因而有不可数多个不动点，这就得到矛盾．因此C仅由一点 z_∞ 组成，z_∞ 是 R_∞ 的不动点．

最后，还要证明，对 $\forall z\in D$，当 $n\to\infty$时，$R^n(z)\to z_\infty$，这是因为由引理 3.3．当 $n\to\infty$时 $d_s(R^n(z),R^n(z_0))\to 0$，因而

$$d_s(R^n(z), z_\infty) \leqslant d_S(R^n(z), R^n(z_0)) + d_S(R^n(z_0), z_\infty) \to 0.$$

此外，根据 R^n 在D内的正规性，收敛显然是局部一致的。引理全部得证。

引理 3.5 设 $f: D \to D$ 为解析映照，$D \subset \mathbb{C}$ 为双曲型域，存在 $\alpha \in \partial D$，使得对 $\forall z \in D$，$f^n(z) \to \alpha$，$n \to \infty$。再设 f 在 α 邻域内解析，$f(\alpha) = \alpha$，$\lambda = f'(\alpha)$，则 $|\lambda| = 1$ 或 $\lambda = 1$。

证明 经过分式线性变换作共轭后，不妨假设 $\alpha = 0$，首先排除 $|\lambda| > 1$，因为这时 0 是斥性不动点，存在充分小的圆 $D(0,\delta)$，使得

$$D(0,\delta) \subset f(D(0,\delta)),$$

这与 $f^n(z) \to 0$ 相矛盾。因此只有 $|\lambda| < 1$ 或 $|\lambda| = 1$。我们只要证明当 $|\lambda| = 1$ 时，$\lambda = 1$。设 $D(0,\delta)$ 充分小，f 在$D(0,\delta)$ 内单叶；设 $K \subset D(0,0) \cap D$ 为相对紧域，$f(K) \cap K \neq \varnothing$，则 $A = \bigcup_{n=0}^{\infty} f^n(K) \subset D(0,\delta)$。是连通开集，即是一个域，取定 $z_0 \in K$，定义A上的函数 $g_n(z) = f^n(z)/f^n(z_0)$，则 g_n 在A内单叶，当且仅当 $z = z_0$ 时，$g(z) = 1$。我们要证明 $\{g_{n_j}\}$ 是正规族。首先由于在 $A - \{z_0\}$ 内 $g(z) \neq 0, 1, \infty$，根据 Montel 定理，g_n 在 $A - \{z_0\}$ 正规，进而要证 g_n 在 z_0 正规。作充分小圆 $D(z_0,\delta)$，由于 g_n 在 $D(z_0,\delta) - \{z_0\}$ 正规，一定存在子序列 g_{n_j}，使得 g_{n_j} 在 $\partial D(z_0,\delta)$ 一致收敛于有界函数或∞，但在 $D(z_0,\delta)$ 内，$g_{n_j}(z) \neq 0$，其最大模及最小模在 $\partial D(z_0,\delta)$ 上达到，因此 g_{n_j} 在 $D(z_0,\delta)$ 一致有界或一致趋于∞，g_{n_j} 在 $D(z_0,\delta)$ 正规，因而 g_n 在 $D(z_0,\delta)$ 正规。

现在，取一子序列 g_{n_j} 在A局部一致收敛于函数 $G(z)$，由 g_{n_j} 在A单叶，则 $G(z)$ 是常数 $G(z_0) = 1$ 或是单叶函数，而对 $\forall k \geqslant 1$，我们有

$$g_{n_j}(f^k(z)) = \frac{f^{k+n_j}(z)}{f^{n_j}(z_0)} \to G(f^k(z)),\quad n_j \to \infty.$$

但由于 $n_j \to \infty$ 时，$f^{k+n_j}(z) \sim \lambda^k f^{n_j}(z)$，因此有 $g_{n_j}(f^k(z)) \to$

$\lambda^k G(z)$，因此有重要关系式，

$G(f^k(z)) = \lambda^k G(z)$，因而有

$$G(f^k(z_0)) = \lambda^k G(z_0) = \lambda^k, \quad k = 1,2,\cdots$$

当 $G(z) \equiv 1$ 时，令 $k = 1$，即得 $\lambda = 1$。

当 $G(z)$ 是单叶函数时，$\lambda^k (k = 1,2,\cdots)$ 在包含于 $G(A)$ 内的单位圆周 B 上，$G^{-1}(B)$ 包含于 A 内部，但是 $\lambda^k \in B$，而 $G^{-1}(\lambda^k) = f^k(z_0) \to 0 \in \partial A$，这就得到矛盾。说明 $G(z)$ 不是单叶函数，因此只有 $\lambda = 1$，引理得证。

附注　这一引理可由 Fatou 花瓣定理直接推出，作为练习读者可考虑而证之。

如果 R 是有理函数，D 是不变稳定域，$R(D) = D$，而且对 $\forall z \in D$，$R^n(z) \to \alpha \in \partial D$，则引理 3.4 及引理 3.5 条件满足。因而 α 是中性不动点，而且特征值 $\lambda = R'(\alpha) = 1$，D 是抛物不变稳定域。

§4. 有理函数动力系统的不变稳定域的分类

在此节之后，我们讨论有理函数 $R: \hat{\mathbb{C}} \to \hat{\mathbb{C}}$，$d = \deg(R) \geq 2$。设 D 是稳定域，D 对 R 不变，即 $R(D) = D$，我们已经知道，这时 D 称为不变稳定域或不变域。D 是双曲型平面域，考虑解析映照 $R: D \to D$，则根据前面几节的结论，我们有下面的分类定理：

定理 4.1　设 $R: D \to D$ 为有理函数，D 为不变稳定域，则 D 仅为下列五种类型之一：

1. 吸性域。存在唯一的吸性不动点 $\alpha \in D$，$R(\alpha) = \alpha$，$0 < |\lambda| < 1$，$\lambda = R^1(\alpha)$。对 $\forall z \in D$，当 $n \to \infty$ 时，$R^n(z) \to \alpha$ 且收敛在 D 内局部一致。

2. 超吸性域。存在唯一的超吸性不动点 $\alpha \in D$，$R(\alpha) = \alpha$，$\lambda = R^1(\alpha) = 0$，对 $\forall z \in D$，当 $n \to \infty$ 时，$R^n(z) \to \alpha$，且收敛在 D 内局部一致。

3. 抛物型域。存在唯一中性不动点 $\alpha \in \partial D$，$R(\alpha) = \alpha$，

$\lambda = R^1(\alpha) = 1$，对 $\forall z \in D$，当 $n \to \infty$时，$R^n(z) \to \alpha$，且收敛在D内局部一致.

4. Siegel 圆. D共形等价于单位圆 Δ，R共形共轭于无理旋转 $\zeta \to e^{2\pi i\theta}\zeta$，$\theta$是无理数,即有交换图表:

$$\begin{array}{ccc} D & \xrightarrow{R} & D \\ \varphi\downarrow & & \downarrow\varphi \\ \Delta & \xrightarrow[\zeta \mapsto e^{2\pi i\theta}\zeta]{} & \Delta \end{array},$$

其中 $\varphi: D \to \Delta$ 是共形映照，$\alpha = \varphi^{-1}(0) \in D$ 是无理中性不动点,称为 Siegel 点.

5. Herman 环. D共形等价于环

$$\Delta(r,1) = \{z:\ 0 < r < |z| < 1\},$$

R共形共轭于无理旋转，$\zeta \longmapsto e^{2\pi i\theta}\zeta$，$\theta$是无理数，即有交换图表:

$$\begin{array}{ccc} D & \longrightarrow & D \\ \varphi\downarrow & & \downarrow\varphi \\ \Delta(r,1) & \xrightarrow[\zeta \mapsto e^{2\pi i\theta}\zeta]{} & \Delta(r,1) \end{array},$$

其中 $\varphi: D \to \Delta$ 是共形映照.

证明 可以看出,这五类域可由 § 2 中定理 2.1 直接得到.

定理 2.1 中 1) 及 § 3 的引理说明,D是抛物型域; 定理 2.1 中的 2) 说明D是吸性或超吸性域;定理 2.1 中的 3) 说明D是 Siegel 圆或 Herman 环，但需说明D共形等价于 $\Delta^* = \Delta - \{0\}$，$R$共形共轭于无理旋转的情况不可能出现.这是因为,否则 $\partial D \subset J(R)$ 有一点对应于O点，且是孤立边界点，而 $J(R)$ 没有孤立点. 这就得到矛盾;

定理 2.1 中 4) 也不会出现，因为这时R是有限阶的,存在n，使得在D内 $R^n = Id$，因而在 $\hat{\mathbb{C}}$ 上也有 $R^n = Id$，这便与

$$\deg(R^n) = d^n > 2^n$$

相矛盾. 总之,定理得证.

现在讨论五类曲型域的进一步性质.

首先，回忆一下大轨道的定义，z 的大轨道是一个等价类，记为 $O(z)$，

$O(z)=\{x\in\hat{\mathbb{C}}:\exists m,n\geqslant 0$，使得 $R^m(x)=R^n(z)\}$ 我们定义等价关系，$x\sim y$，当且仅当存在 $m,n\geqslant 0$，使得 $R^m(x)=R^n(y)$，因此 $O(z)$ 就是 z 的等价类。我们有定理 4.1 的补充结论：

1. 吸性域 D. $D^*=D-O(\alpha)$ 包含有 R 的临界点. 设 C 为 R 的临界点集，$O(C)=\bigcup\limits_{c\in C}O(c)$，则 $D_c^*=D^*-O(C)$ 的大轨道空间 $D_c^*/\sim=\{O(z):z\in D_c^*\}$ 共形等价于环面 T 除去 $k\geqslant 1$ 个点，k 是 D^* 内的临界大轨道个数.

这一性质可根据定理 1,4,3 及其后的附注得出.

2. 抛物型域 D. D 含有 R 的临界点. $D_c^*=D-O(C)$ 的大轨道空间 $D_c^*/\sim=\{O(z):Z\in D_c^*\}$ 共形等价于球面 $\hat{\mathbb{C}}$ 除去 $k+2$ 个点，k 是 D 内的临界大轨道个数.

这一性质可由定理 1 及其证明方法中得出.

吸性域，超吸性域与抛物型域，人们称之为 Fatou 域，而 Siegel 圆与 Hermann 环称之为旋转域.

从定理中的交换图表可看出，Siegel 圆 D 是单连通域，Herman 环 D 是 2 连通的环形域.

当 D 是旋转域时，$R:D\to D$ 是共形映照，对 $\forall z\in D$，$\overline{O^-(z)}$ 与 $\overline{O^+(z)}$ 是同一条解析闭曲线，共形等价于圆周 $\{|\zeta|=t\}\subset\Delta$ 或 $\Delta(r,1)$.

设 $O^+(C)=\bigcup\limits_{c\in C}O^+(c)$，其中 C 是 R 的临界点集.

定理 4.2 旋转域 D 的边界包含于临界正向轨道的闭包，即 $\partial D\subset\overline{O^+(C)}$.

这个定理的证明要用到关于 R 的反函数单值分支的一个重要引理.

设 $U\subset\hat{\mathbb{C}}$ 为单连通域，$U\cap\overline{O^+(C)}=\varnothing$. 对 $\forall n\geqslant 0$，根据 $R^n:\hat{\mathbb{C}}\to\hat{\mathbb{C}}$ 的覆盖性质，$R^{-n}(U)$ 的分支是单连通的，且 R^n:

$R^{-n}(U)\to U$ 是共形映照，因此，R^{-n} 在U有 d^n 个单值分支，都记之为 I_n，I_n 把U共形映照到 $R^{-n}(U)$ 的一个分支，$\{I_n\}$ 称为R在U的反向迭代或反函数序列.

引理 4.1 设U为单连通域，$U\cap J(R)\neq\emptyset$，$U\cap\overline{O^+(C)}=\emptyset$，则上面定义的反函数序列 $\{I_n\}$ 在U正规，并且任何局部一致收敛的子序列 I_{n_j} 收敛于 $J(R)$ 的一个点.

证明 首先，证$\{I_n\}$的正规性，取斥性周期点 $a_0\in U\cap J(R)$. 由于 a_0 不是例外点，存在 $a_2\neq a_1\neq a_0\in U$，使得

$$R(a_2)=R(a_1)=a_0,$$

则在 $U-O^+(a_0)$ 内，当 $n>2$ 时，$I_n(z)\neq a_0$，a_1，a_2，根据 Montel 正规性定理，$\{I_n\}$ 在 $U-O^+(a_0)$ 正规，同法取另外一个斥性周期点 $b_0\in U\cap J(R)$. 使得 $O^+(b_0)\cap O^+(a_0)=\emptyset$，则 $\{I_n\}$ 在 $U-O^+(b_0)$ 正规，总之，$\{I_n\}$ 在

$$U=(U-O^+(a_0))\cup(U-O^+(b_0))$$

正规.

现在设 I_{n_j} 为在U内局部一致收敛的子序列. 由于 I_{n_j} 是单叶函数，则 I_{n_j} 局部一致收敛于常数，即为一个点在 $J(R)$ 上；或者 I_{n_j} 局部一致收敛于一个单叶函数$I(z)$. 取定 $\alpha\in U\cap J(R)$，则 $\beta=I(\alpha)\in J(R)\cap I(U)$. 取充分小的圆 $D(\beta,\delta)\subset I(U)$，设 U_0 为一 Jordan 域. 使得 $I(U_0)=D(\beta,\delta)$. 由于局部一致收敛性，存在 $N\geqslant 0$，使得 $n_j\geqslant N$ 时，有

$$|I_{n_j}(z)-I(z)|<\delta/2,\ \forall z\in U.$$

因此，对 $\forall z\in\partial U_0$，注意到 $\beta=I(\alpha)$，有

$$\begin{aligned}|I_{n_j}(z)-\beta| &\geqslant |I(z)-\beta|-|I_{n_j}(z)-I(z)|\\ &\geqslant \delta-\delta/2=\delta/2.\end{aligned}$$

因此，当 $n_j\geqslant N$ 时，$D(\beta,\delta/2)\subset I_{n_j}(U_0)$，因而，$R^{n_j}(D(\beta,\delta/2))\subset U_0$. 但是，根据第一章定理 8.3，存在 $N_1>0$，使得当 $n_j\geqslant N_1$ 时，

$$J(R)=R^{n_j}(D(\beta,\delta/2)\cap J(R)).$$

因而，我们有 $J(R)\subset U_0$，由于 $I(U_0)=D(\beta,\delta)$，当 δ 充分小

时，U_0 也充分小，因此 $J(R)\subset U_0$ 必缩小为一个点，这就得出矛盾。因此 $I(z)$ 不可能是单叶函数，$I(z)\equiv\beta\in J(R)$. 引理得证。

定理 4.2 的证明 我们要证明旋转域 D 的边界 $\partial D\subset\overline{O^+(C)}$. 反证之，假若不然，则在一点 $z_0\in\partial D$, $z_0\notin\overline{O^+(C)}$，这时，存在 z_0 的单连通邻域 U，使得 $U\cap\overline{O^+(C)}=\varnothing$. 现在根据引理 4.1，$R^n$ 在 U 的反函数序列 $\{I_n\}$ 在 U 正规，且任何局部一致收敛子序列，在 U 收敛于一点在 $J(R)$ 上。但是，对给定的 $z_1\in D\cap U$，我们总可以选取单值分支 I_{nj}，使得 $I_{nj}(z_1)$ 在 $\overline{O^-(z_1)}\subset D$ 内，而对于这样选取的单值分支 I_{nj} 不可能在 U 局部一致收敛于 $J(R)$ 上一点。这一矛盾表明，$\partial D\subset\overline{O^+(C)}$. 定理 4.2 得证。

一个重要而未解决的问题是：旋转域的边界是否含有 R 的临界点。

§5. 有理函数动力系统周期稳定域的 Sullivan 分类

设 D_0 为有理函数 R 的周期为 p 的周期稳定域，对应的周期循环域为

$$\{D_0,D_1=R(D_0),\cdots,D_{p-1}=R^{p-1}(D_0)\},R^p(D_0)=D_0$$

则 D_0 是 R^p 的不变域，对 R^p: $D_0\to D_0$ 应用不变域的分类定理 4.1 及 §4 中其它结论，立刻得到下面关于有理函数周期稳定域的 Sullivan 分类定理：

定理 5.1 有理函数 R: $\hat{\mathbb{C}}\to\hat{\mathbb{C}}$ 的周期稳定域 D_0 仅为下列五种类型之一：

1. 吸性域。 存在唯一的周期为 p 的吸性周期点 $z_0\in D_0$，周期循环

$$O^+(z_0)=\{z_0,z_1=R(z_0),\cdots,z_{p-1}=R^{p-1}(z_0)\}$$

及吸性周期循环域：

$$\{D_0,D_1,\cdots,D_{p-1}\},$$

对 $\forall z \in D_0$，当 $n\to\infty$时，$R^n(z)$ 收敛于 $\{z_0,z_1,\cdots,z_{p-1}\}$. D_0含有 R 的临界轨道的点，大轨道空间

$$(D_0 - O(z_0))\cup O(C))/\sim = \{O(z): z\in D_0 - O(z_0)\cup O(C)\}$$

共形等价于环面除去 $k\geqslant 1$ 个点.

2. 超吸性域. 存在唯一的周期为 p 的超吸性周期点 $z_0\in D_0$，$O^+(z_0)=\{z_0,z_1,\cdots,z_{p-1}\}$ 及超吸性周期循环域

$$\{D_0,D_1,\cdots,D_{p-1}\},$$

对 $\forall z\in D_0$，$n\to\infty$时，$R^n(z)$ 收敛于 $\{z_0,z_1,\cdots,z_{p-1}\}$.

3. 抛物型域. 存在唯一的周期为 p 的有理中性周期点 $z_0\in\partial D_0, O^+(z_0)=\{z_0,z_1,\cdots,z_{p_0-1}\}$及周期循环域. $\{D_0,D_1,\cdots,D_p\}$，p_0 整除 p，$(R^p)^1(z_0)=1$. 对 $\forall z\in D_0$，当 $n\to\infty$ 时，$R^n(z)$ 收敛于 $\{z_0,z_1,\cdots,z_{p_0-1}\}$. D_0 含有 R 的临界轨道的点，大轨道空间

$$(D_0 - O(C))/\sim = \{O(z): z\in D_0 - O(C)\}$$

共形等价于除去 $k+2$ 个点的球面 $\hat{\mathbb{C}}$.

4. Siegel 圆. 存在无理中性周期点 $z_0\in D_0$，周期为 p，$O^+(z_0)=\{z_0, z_1,\cdots,z_{p-1}\}$ 及循环域 $\{D_0, D_1,\cdots, D_{p-1}\}$，当 $0\leqslant j\leqslant p-1$ 时，$R^s: D_0\to D_j$ 是共形映照. D_0 共形等价于单位圆Δ，$R^p: D_0\to D_0$ 共形共轭于Δ的无理旋转 $\zeta\longmapsto e^{2\pi i\theta}\zeta$，$\theta$是无理数，即有交换图表：

$$\begin{array}{ccc} D & \xrightarrow{R^p} & D \\ \varphi\downarrow & & \downarrow\varphi \\ \Delta & \xrightarrow[\zeta\mapsto e^{2\pi i\theta}\zeta]{} & \Delta \end{array},$$

其中 $\varphi: D\to\Delta$ 是共形映照，$\varphi(z_0)=0$，而且 $\partial D_0\subset\overline{O^+(C)}$.

5. Herman 环. D_0 共形等价于圆环 $\Delta(r, 1)$，$R^p: D_0\to D_0$ 共形共轭于 $\Delta(r,1)$ 的无理旋转.

$\zeta\longmapsto e^{2\pi i\theta}\zeta$，$\theta$是无理数，即有下列交换图表：

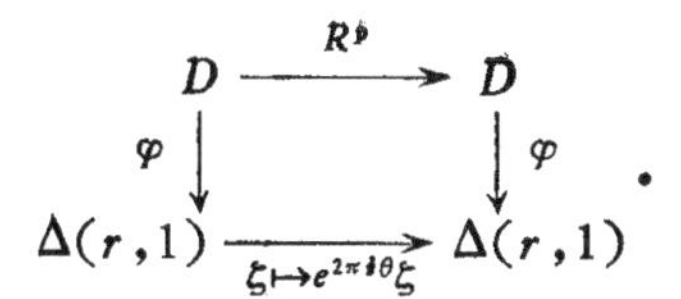

对周期为 p 的循环域 $\{D_0, D_1, \cdots, D_{p-1}\}$，当 $0 \leqslant j \leqslant p-1$ 时，有 $R^j: D_0 \to D_j$ 是共形映照，且 $\partial D_0 \subset \overline{O^+(C)}$.

附注　对于有理函数 R，Siegel 点一定对应 Siegel 圆. 但是，Herman 环则是 70 年代 M. Herman 发现的. 要构造有理函数具有 Herman 环的例子是一个比较困难的问题. 典型的例子是：对于有理函数

$$R(z) = \frac{e^{2\pi i\alpha}}{z}\left(\frac{z-a}{1-\bar{a}z}\right)^2,$$

适当选取参数 α 与 a，则 $R(z)$ 有包含单位圆周的 Herman 环. 更多些的例子可从 [He2] 中找到.

Herman 环被发现之后，人们已经知道有五类周期循环稳定域.

Sullivan[Su3] 证明了定理 4.1，说明仅有这五类域. 结合 Sullivan 终于周期性定理. 这就表明，有理函数动力系统的稳定域是终于周期域，而终于的周期域仅为五类域之一.

另外，Sullivan 还证明了有理函数的稳定域周期循环的个数 $\leqslant 8(d-1)$，并提出了个数 $\leqslant 2(d-1)$ 的问题. 1987 年，Shischikura[Sh] 应用拟共形外科手术（Quasiconformal Surgery）解决了 Sullivan 问题，证明了有理函数稳定域周期循环的个数 $\leqslant 2(d-1)$. 非斥性周期循环的个数 $\leqslant 2(d-1)$.

§6. Sullivan 分类定理的一些应用例子

Sullivan 分类定理是有理函数动力系统的基本定理，作为应用的例子，我们证明下面一些定理.

定理 6.1　如果有理函数 R 的临界点都是预周期的，则

$J(R)=\hat{\mathbb{C}}$.

证明 我们要证 Fatou 集 $F(R)$ 没有五种类型的周期稳定域. 由假设知 R 的临界轨道 $O^+(C)$ 仅有有限多个点，且临界点不是周期点,因此 $F(R)$ 中没有吸性域与抛物型域，因为这类域含有 $O^+(C)$ 的无穷多个点,而且也没有超吸性域,因为这种域包含有一个临界周期点. 另外，旋转域的边界包含于临界轨道的闭包，$F(R)$ 不能有旋转域，如果 $F(R)\neq\varnothing$，则 $F(R)$ 必有这五类域之一,因此 $F(R)=\varnothing$，$J(R)=\hat{\mathbb{C}}$. 定理得证.

根据这一定理,容易看出,有理函数

$$R(z)=\frac{(z-2)^2}{z^2}$$

满足定理的条件，$J(R)=\hat{\mathbb{C}}$，这就得到了 $J(R)=\hat{\mathbb{C}}$ 的例子.

作为特殊的有理函数，我们现在考虑 $d\geqslant 2$ 的多项式 $p(z)$ 的情况，这时,∞是不动点且是 d 级临界点，设 $A(\infty)$ 为超吸性域,则 $A(\infty)\subset F(p)$ 是完全不变域，我们已经知道(第一章定理 9.2)，Julia 集 $J(p)=\partial A(\infty)$.

定理 6.2 对于多项式 $p(z)$，如果 $p(z)$ 的临界点除∞外都是预周期的,则 $J(p)\cup A(\infty)=\hat{\mathbb{C}}$.

证明 依照上一定理的证法,可以推出,除完全不变域 $A(\infty)$ 外再没有其它周期稳定域. 由此便得到 $J(p)\cup A(\infty)=\hat{\mathbb{C}}$，定理得证.

作为习题,可以证明：$p(z)$的临界点除∞外,其个数$\leqslant d-1$，即多项式的有穷临界点个数$\leqslant d-1$.

根据这一估计式,在 Shishikura 的结果之前，Douady[D] 证明了：多项式 $p(z)$ 的有穷非斥性点的周期循环的个数$\leqslant d-1$，而有界稳定域周期循环的个数$\leqslant d-1$. 他用的是类多项式 (polynornial-like) 的方法.

例子：$p(z)=z^2+i$ 满足定理 6.2 的条件,从而

$$J(p)\cup A(\infty)=\hat{\mathbb{C}}.$$

定理 6.3 设 R 为有理函数，如果 $J(R)\cap\overline{O^+(C)}=\varnothing$，则

$F(R) \neq \varnothing$，且仅包含有吸性域或超吸性域。

证明 由假设知R的临界轨道集的闭包 $\overline{O^+(C)} \subset F(R)$。因此，$F(R)$ 不能有旋转域. 另外，$F(R)$ 也不可能有抛物型域，因为抛物型域包含有一临界轨道趋于边界，而边界包含于 Julia 集 $J(R)$，因此，$F(R)$ 仅有吸性或超吸性域，定理得证。

在 $J(R) \cap \overline{O^+(C)} = \varnothing$ 条件下，我们还有下面的定理说明 $J(R)$ 的扩展性。

定理 6.4 如果 $J(R) \cap \overline{O^+(C)} = \varnothing$，则对给定的 $K > 1$，总存在 $N > 0$，使得当 $n \geqslant N$ 时，对 $\forall z \in J(R)$，都有

$$|(R^n)'(z)| > K.$$

证明 经共形共轭变换后. 不妨假定 $J(R)$ 是有界集. 我们可以用有限多个中心在 $J(R)$ 上的充分小的圆 D_i 覆盖 $J(R)$，使得 $D_i \cap \overline{O^+(C)} = \varnothing$. 在每个 D_i 内，我们可以定义反函数序列 $\{I_n = R^{-n}\}$. 根据引理 4.1，$\{I_n = R^{-n}\}$ 在 D_i 内正规，且任何收敛子序列 I_{n_j} 局部一致收敛于常数 $\alpha \in J(R)$，因而 $I'_{n_j}(z) = (R^{-n_j})'(z)$ 局部一致收敛于 0. 由此推出 $(R^{-n})'(z) = I'_n(z)$ 在 D_i 内局部一致收敛于 0. 于是存在 $N_i > 0$，使得当 $n \geqslant N_i$ 时，对 $\forall z \in D_i$ 有 $|(R^{-n})'(z)| < \dfrac{1}{K}$，取 $N = \max\{N_i\}$，则当 $n \geqslant N$ 时，对 $\forall z \in J(R) \subset \bigcup\limits_i D_i$ 都有 $|(R^{-n})'(z)| > \dfrac{1}{K}$，因而，对 $\forall z \in J(R)$ 有

$$|(R^n)'(z)| > K.$$

定理得证。

附注 满足引理 6.4 的有理函数 $R(z)$ 称为扩展的，其 $J(R)$ 具有扩展性，D. Sullivan[Su2] 证明了：对扩展的有理函数 R，测度 $\mathrm{mes}(J(R)) = 0$；M. Yu. Lyubich[Ly3] 证明了：如果有理函数的临界点在 Fatou 域内，或经过有限次迭代后落在斥性周期点上，则 $\mathrm{mes}J(R) = 0$。

一般情况下，$J(R)$ 的测度是否为 0 的问题至今未被解决。

第四章　多项式动力系统

多项式是特殊的有理函数，因而具有许多特殊的动力系统性质．本章的第 1,2 节讨论多项式稳定域的一些特性；第 3 节介绍符号动力系统；作为应用，第 4 节描述多项式在其完全不连通的 Julia 集上的作用．

§ 1. 多项式动力系统的一些一般性质

我们恒设 $p(z)$ 为 $d \geqslant 2$ 次多项式，我们知道 $p(\infty) = \infty$，$p^{-1}(\infty) = \{\infty\}$，$\infty$是超吸性不动点，存在超吸性不变域 $A(\infty)$，$A(\infty)$ 也是完全不变域，$\partial A(\infty) = J(p)$，

$$A(\infty) = \{z \in \hat{\mathbb{C}}:\ p^n(z) \to \infty\},$$

$p(z)$ 的稳定域除 $A(\infty)$ 外都是有界稳定域．

定理 1.1　$p(z)$ 的稳定域不能是 Herman 环．

证明　我们主要应用最大模原理，假设存在一个 Herman 环 D_0，及周期为 p 的稳定域循环 $\{D_0, D_1, \cdots, D_{p-1}\}$，则 $p(z)$在 D_0 共形共轭于圆环 $\Delta(r,1)$ 上的无理旋转，且对 $0 \leqslant k \leqslant p-1$，$p^k: D_0 \longmapsto D_k$ 是共形映照．取 Jordan 闭曲线 L，分离 D_0 的两个边界分支，L的内部是有界域 U，U 内含有 Julia 集 $J(p)$ 的点，并且 $p^{np+k}(l)$ 在有界稳定域 D_k 内，因此 $p^{np+k}(l)$ 一致有界．根据最大模原理，定义于U的全纯函数族 $\{p^{np+k}\}$ 在U一致有界，于是，$\{p^{np+k}\}$ 在U内正规，$U \subset F(p)$，这便与U内有 $J(R)$ 的点矛盾．$F(R)$ 不能有 Herman 环．引理得证．

对于 $p(z)$，设有穷临界点集为 $C' = C - \{\infty\}$．则我们已知道 C' 中有 $\leqslant d-1$ 个点，设 $O^+(C') = \bigcup_{c' \in C'} O^+(c')$。

$O^+(C')$ 决定 $p(z)$ 的许多动力学性质，将分别于后面几节讨论。

§2. $A(\infty)\cap C'=\varnothing$ 与 $J(p)$ 的连通性

对于 d 次多项式 $p(z)$，∞是超吸性不动点，且是 d 级临界点，根据第一章定理 4.4，在直接超吸性域 $A(\infty)$ 内存在∞的邻域 U，且存在共形映照 $\varphi: U\to\hat{\mathbb{C}}-D(0,r)$，使得有交换图表：

$$\begin{array}{ccc} U & \xrightarrow{p} & U \\ \downarrow & & \\ \hat{\mathbb{C}}-D(0,r) & \xrightarrow[\zeta\mapsto\zeta^d]{} & \hat{\mathbb{C}}-D(0,r) \end{array}$$

其中圆 $D(0,r)$ 的半径 $r>1$.

定理 2.1 对于 d 次多项式 $p(z)$，下列条件等价：

1) $A(\infty)\cap C'=\varnothing$.

2) $p|A(\infty)$ 共形共轭于单位圆 $D(0,1)$ 的外部的映照 $\zeta\longmapsto\zeta^d$.

3) $A(\infty)$ 是单连通域.

4) $J(p)$ 是连通集.

证明 2)$\Longrightarrow$3)，这是显然的，因为 $A(\infty)$ 共形等价于 $\hat{\mathbb{C}}-D(0,1)$.

3)$\Longrightarrow$4)，根据平面单连通域的特征性质；平面域是单连通的，当且仅当它的边界是连通的，现已知 $A(\infty)$ 是单连通的，而 $J(p)=\partial A(\infty)$，因而 $J(R)$ 是连通的.

4)$\Longrightarrow$1). 我们要证明，如果 $A(\infty)\cap C'\neq\varnothing$，则 $J(R)$ 不是连通集.

根据本节开头所述，存在共形映照. $\varphi:U\to\hat{\mathbb{C}}-D(0,r)$，$r>1$，使得在 U 内 p 共形共轭于 $\varphi\circ p\circ\varphi^{-1}:\hat{\mathbb{C}}-D(0,r)\to\hat{\mathbb{C}}-D(0,r)$，$\zeta\longmapsto\zeta^d$.

映照 $\zeta\longmapsto\zeta^d$ 把 $\hat{\mathbb{C}}-D(0,r)$ 映为 $\hat{\mathbb{C}}-D(0,r^d)$，设环域 $A_0=$

$\varphi^{-1}(D(0, r^d)-D(0, r))$，如果 $A_0 \cap p(C')=\varnothing$，则 $A_{-1}=p^{-1}(A_0)$也是环域,我们可以开拓共轭映照 $\varphi: U \to \hat{\mathbb{C}}-D(0,r)$为

$$\varphi: U \cup A_{-1} \to \hat{\mathbb{C}}-D(0,r_1),\ r_1=r^{1/d},$$

使得开拓后的映照 φ 有表示式 $(\varphi \circ p(z))^{1/d}$，而在 $U \cup A_{-1}$ 内，p 共形共轭于 $\mathbb{C}-D(0,r_1)$ 内的映照，$\zeta \longmapsto \zeta^d$. 同样，如果 $A_{-1} \cap p(C')=\varnothing$，我们再开拓 φ，假定经N次之后得到 A_{-1}，$A_{-2},\cdots,A-(N-1))$ 都与 $p(C')$不相交，φ开拓为共形映照

$$\varphi: U \cup A_{-1} \cup A_{-2} \cdots \cup A_{-N} \to \hat{\mathbb{C}}-D(0,r_N), r_N=r^{1/d^N},$$

p 共形共轭于 $\hat{\mathbb{C}}-D(0,r_N)$ 内的映照 $\zeta \longmapsto \zeta^d$，而这时 $A_{-N} \cap p(C') \neq \varnothing$，$A_{-N}$ 有 p 的临界值,则 $A_{-(N+1)}=p^{-1}(A_{-N})$一定是具有多于 3 个边界分支的多连通域,因此 $U \cup \left(\bigcup_{j=1}^{N} A_{-j}\right) \cup A_{-(N+1)}$ 是至少有 2 个边界分支的多连通域,它的余集的分支都含有 $J(p)$ 的点，$J(p)$ 是不连通的.

1)$\Longrightarrow$2). 根据 4)$\Longrightarrow$1) 的证明过程,当 $A(\infty) \cap C'=\varnothing$，对 $\forall A_{-n}$ 都有 $A_{-n} \cap p(C')=\varnothing$，因此 φ 可无限制开拓为 φ:

$$A(\infty)=U \cup \left(\bigcup_{n=1}^{\infty} A_{-n}\right) \to \hat{\mathbb{C}}-D(0,1),$$ p 在 $A(\infty)$ 内共形共轭于 $\hat{\mathbb{C}}-D(0,1)$ 的映照 $\zeta \longmapsto \zeta^d$. 定理证完.

当 $A(\infty) \cap C'=\varnothing$ 时，$J(p)$ 是不连通集,而当$C' \subset A(\infty)$ 时，$J(p)$ 是完全不连通集,这时 $p|J(p)$ 可以用符号动力系统描述.

§3. 符号动力系统

定义 2 个符号 0,1 组成的序列构成的空间

$$\Sigma_2=\{s=(s_1 s_2 \cdots s_j \cdots): s_j=0,1\}.$$

Σ_2 中的元素是 0, 1 组成的无穷序列，例如 $s=(00\cdots0\cdots)$ 或 $s=(0101\cdots)$ 等.

一般地，由 n 个符号 $0,1,2,\cdots,n-1$ 组成的序列构成的空

间为

$$\Sigma_n = \{s = (s_1 s_2 \cdots s_j \cdots): s_j = 0, 1, \cdots n-1\}.$$

现在，在 Σ_n 中定义距离，使 Σ_n 成为度量空间，然后定义移位映照来讨论它的动力系统。我们只讨论 Σ_2 的情况，Σ_n 可类似定义。

对 $s, t \in \Sigma_2$，$s = (s_1 s_2 s_3 \cdots)$，$t = (t_1 t_2 t_3 \cdots)$，s 与 t 的距离定义为 $d(s, t) = \sum_{i=1}^{\infty} \frac{|s_i - t_i|}{2^i}$。注意到 $|s_i - t_i| = 0, 1$，这无穷级数收敛，且有 $d(s,t) \leqslant \sum_{i=1}^{\infty} \frac{1}{2^i} \leqslant 1$。

$d(s,t)$ 作为度量空间 Σ_2 的距离是合理的。事实上，$d(s,t) \geqslant 0$，$d(s,t) = 0$，当且仅当对 $\forall i \geqslant 1$，有 $s_i = t_i$，即 $s = t$。$d(s,t) = d(t,s)$，另外对 $\forall s, t, r \in \Sigma_2$，$r = (r_1 r_2 r_3 \cdots)$。由于有 $|r_i - t_i| \leqslant |r_i - s_i| + |s_i - t_i|$，立刻得到三角不等式 $d(s,t) \leqslant d(r,s) + d(s,t)$，$\Sigma_2$ 在距离 $d(,)$ 下成为度量空间。下面的引理说明 Σ_2 中球形邻域的构造。

引理 3.1 设 $s, t \in \Sigma_2$，则 $d(s,t) \leqslant \frac{1}{2^n}$，当且仅当 $i = 1, 2, \cdots, n$ 时，$s_i = t_i$。

证明 当 $i = 1, 2, \cdots, n$ 时，$s_i = t_i$，则

$$d(s,t) = \sum_{i=n+1}^{\infty} \frac{|s_i - t_i|}{2^i} \leqslant \sum_{i=n+1}^{\infty} \frac{1}{2^i} \leqslant \frac{1}{2^n}.$$

反之，如果 $d(s,t) \leqslant \frac{1}{2^n}$，则对 $i = 1, 2, \cdots, n$，应有 $s_i = t_i$，因为否则存在 $1 \leqslant i \leqslant n$，使得 $|s_i - t_i| = 1$，因而 $d(s,t) > \frac{1}{2^i} > \frac{1}{2^n}$，从而得到矛盾。引理得证。

根据这一引理，如果 $s = (s_1 s_2 s_3 \cdots)$，则 Σ_2 中序列 $s^n = (s_1 s_2 s_3 \cdots s_n 000 \cdots)$ 或序列 $s^n = (s_1 s_2 s_3 \cdots s_n 111 \cdots)$ 都收敛于 s，即 $d(s^n s) \to 0$，$n \to \infty$，这是一个很有趣的性质。

引理 3.2 Σ_2 是完全不连通空间。

证明 我们作 Σ_2 到[0,1]的 Contor 集K的映照，从而根据K的完全不连通性得出 Σ_2 的完全不连通性。

对 $\forall s=(s_1s_2s_3\cdots)\in\Sigma_2$，定义映照 $f:\Sigma_2\to K$，使

$$f(s)=\sum_{i=1}^{\infty}\frac{2s_i}{3^i}.$$

根据K的点的表示式，由于 $2s_i=0$，2，$f(s)\in K$. $f(s)$ 是 Σ_2 上的连续函数. 事实上，当 $|t-s|<\frac{1}{2^n}$ 时，根据引理 3.1，对 $1\leqslant i\leqslant n$ 有 $t_i=s_i$，因而

$$|f(t)-f(s)|\leqslant\sum_{i=n+1}^{\infty}\frac{2|t_i-s_i|}{3^i}\leqslant\frac{1}{3^n}.$$

这表明 $f(s)$ 的连续性，根据 $f(s)$ 的连续性及K是完全不连通集，即K不含有非退化连续统(不包含多于 1 点的连通闭集)，便得出 Σ_2 的完全不连通性. 引理得证.

现在，定义移位映照 $\sigma:\Sigma_2\to\Sigma_2$，

$\sigma(s_1s_2s_3\cdots)=(s_2s_3s_4\cdots)$. 须先指出 $\sigma:\Sigma_2\to\Sigma_2$ 是 2 对 1 映照，因为 s_1 是 0 或 1，移位后都对应同一个点. 我们讨论σ生成的动力系统.

定理 3.1 移位映照 $\sigma:\Sigma_2\to\Sigma_2$ 是连续映照.

证明 对 $s=(s_1s_2s_3\cdots)$，$\sigma(s)=(s_2s_3s_4\cdots)$，给定 $\varepsilon>0$，取n使 $\frac{1}{2^n}<\varepsilon$，$\delta=\frac{1}{2^{n+1}}$，则当 $d(t,s)<\delta$ 时，根据引理3.1，对 $1\leqslant i\leqslant n+1$ 有 $t_i=s_i$，因而再根据这一引理便得到

$$d(\sigma(t),\sigma(s))\leqslant\frac{1}{2^n}<\varepsilon.$$

这就表明σ在s的连续性. 定理得证.

引理 3.3 $\sigma:\Sigma_2\to\Sigma_2$ 具有在 Σ_2 中稠密的周期点集.

证明 σ的周期为n周期点，一定是循环序列，具有形式

$$s=(s_1s_2\cdots s_ns_1s_2\cdots s_n\cdots).$$

可以看出，σ的n周期点共有 2^n 个，同样，我们可以定义σ的预周

期点及其表示形式. 现在证明: σ 的周期点集, 记为 $p(\sigma)$, 在 Σ_2 中稠密, 即闭包 $\overline{p(\sigma)} = \Sigma_2$. 为此, 对 $\forall s = (s_1 s_2 s_3 \cdots) \in \Sigma_2$, 构造周期为 n 的周期点序列

$$\tau_n = (s_1 s_2 \cdots s_n s_1 s_2 \cdots s_n \cdots).$$

根据引理 3.1, 有 $d(\tau_n, s) < \frac{1}{2^n}$, 因此, 当 $n \to \infty$ 时, $\tau_n \to s$, 这就表明 $\overline{p(\sigma)} = \Sigma_2$. 引理得证.

注意: Σ_2 中并不是所有的点 s 都是周期点或预周期点. 任何非循环序列表示的点都是非周期点. Σ_2 中存在非周期点 s^*, 其正向轨道的闭包 $\overline{0^+(s^*)} = \Sigma_2$, s^* 的表示式如下:

$$s^* = \underset{1段}{01} | \underset{2段}{00011011} | \underset{3段}{000001010011100101110111} | \cdots$$

s^* 的构造是分段的, 其中第 n 段是 0 与 1 在 n 个位置的重复排列作成的序列. 这样构造的 s^*, 对 $\forall s \in \Sigma_2$, 经 σ 的 m 次迭代后, $\sigma^m(s^*)$ 充分接近于 s, 这就表明 $\overline{0^+(s^*)} = \Sigma_2$.

一般称具有稠密轨道的映照为拓扑可逆的, $\sigma: \Sigma_2 \to \Sigma_2$ 是拓扑可逆映照.

§4. $C' \subset A(\infty)$ 与 $J(p)$ 的完全不连通性

定理 4.1 当 $C' \subset A(\infty)$ 时, $J(p)$ 是完全不连通集, 而且限制在 $J(p)$ 上, $p|J(p)$ 拓扑共轭于 Σ_d 的移位映照 $\sigma: \Sigma_d \to \Sigma_d$.

证明 主要根据定理 2.1 中 4) $\Longrightarrow$ 1) 的证明方法. 首先证明 $d = 2$ 的情况, 这时 $p(z)$ 是 2 次多项式, $C' = \{C\}$ 仅由一个有穷临界点 C 组成.

根据定理 2.1 中 4) $\Longrightarrow$ 1) 的证明过程, 存在环形域 A_{-N}, 使得 $p(C) \in A_{-N}$. 令 $A_{-(N+1)} = p^{-1}(A_N)$, 则 $p: A_{-(N+1)} \to A_{-N}$ 是分歧覆盖, $A_{-(N+1)}$ 共形等价于一个圆挖去 2 个洞, 这 2 个洞是包含于其内部的小圆, 记为 D_i, $i = 0, 1$.

令 $B = \mathbb{C} - U \cup \left(\bigcup_{n=1}^{N} A_{-n} \right)$. 这时,在 B 内 $p(z)$ 有 2 个反函数单值分支 $I_i: B \to D_i, i = 0, 1$, 而且都是解析同胚.

注意到 $A_{-(N+1)} = p^{-1}(A_{-N}) \subset B$, 对 $i = 0$, $1, I_i: (A_{-(N+1)})$ 也是一个圆挖去 2 个洞.

现在,定义映照 $\varphi: \Sigma_2 \to J(p)$, 对 $\forall s = (s_1 s_2 s_3 \cdots) \in \Sigma_2$, 考虑定义于 B 的正规族 $\{I_{s_1}, I_{s_1} \circ I_{s_2}, I_{s_1} \circ I_{s_2} \circ I_{s_3}, \cdots\}$. 由于 $I_i: B \to D_i$ 是共形映照,容易证明下列的闭包包含关系($\Subset$)

$$I_{s_1}(B) \Supset I_{s_1} \circ I_{s_2}(B) \Supset I_{s_1} \circ I_{s_2} \circ I_{s_3}(B) \Supset \cdots$$

根据第三章引理 4.1, 序列 I_{s_1}, $I_{s_1} \circ I_{s_2}$, $I_{s_1} \circ I_{s_2} \circ I_{s_3} \cdots$, 在 B 内局部一致收敛于一点 $\varphi(s) \in J(p)$, 定义 $\varphi: \Sigma_2 \to J(p), s \longmapsto \varphi(s)$.

注意,当 $n \to \infty$ 时, $I_{s_1} \circ I_{s_2} \circ \cdots I_{s_n}(B)$ 的球面直径趋于0.

现在证明 $\varphi: \Sigma_2 \to J(p)$ 是拓扑映照.

事实上,φ 是一一映照,因为如果 $s = (s_1 s_2 s_3 \cdots)$, $t = (t_1 t_2 t_3 \cdots)$, $s \neq t$, 则一定存在 k, 使得对 $1 \leqslant i \leqslant k - 1$, $s_i \neq t_i$,但 $s_k = t_k$, 因此 $I_{s_1} \circ I_{s_2} \circ \cdots \circ I_{s_k}(B)$ 与 $I_{t_1} \circ I_{t_2} \circ \cdots I_{t_k}(B)$ 不相交,因而 $\varphi(s) \neq \varphi(t)$.

根据 Σ_2 中球形邻域及收敛性定义,容易验证: $\varphi: \Sigma_2 \to J(p)$ 是连续开映照. 因此 $\varphi: \Sigma_2 \to J(p)$ 是拓扑映照.必须指出 $\varphi(\Sigma_2) = J(p)$. 由于 $\varphi(\Sigma_2)$ 是 $J(p)$ 的闭子集,且对 p 是完全不变的,即 $p(\varphi(\Sigma_2)) = p^{-1}(\varphi(\Sigma_2)) = \Sigma_2$, 根据第一章定 理 3.3 $\varphi(\Sigma_2) = J(p)$.

在映照 $\varphi: \Sigma_2 \to J(p)$ 下, $p|J(p)$ 共形共轭于 Σ_2 的移位映照

$$\sigma = \varphi^{-1} \circ (p|J(p)) \circ \varphi: \Sigma_2 \to \Sigma_2,$$

σ 是移位映照,并且 $\varphi \circ \sigma = (p|J(p)) \circ \varphi$, 事实上, 设 $s = (s_1 s_2 s_3 \cdots)$, 则 $\sigma(s) = (s_2 s_3 s_4 \cdots)$. $\varphi \circ \sigma(s)$ 是序列

$$I_{s_1}, I_{s_2} \circ I_{s_3}, I_{s_2} \circ I_{s_3} \circ I_{s_4}, \cdots$$

的极限点,显然也等于 $p \circ \varphi(s)$. $\varphi \circ \sigma = p \circ \varphi$.

$J(p)$ 的完全不连通性,由 Σ_2 的完全不连通性通过拓扑映照

φ 而得到．$d=2$ 的情况得证．

在 $d>2$ 的情况下．C' 可能多于一个点．对 $p(C')$ 的每一点与∞连接一条曲线，沿这些曲线割开使 $\hat{\mathbb{C}}$ 成为一个单连通域 B，使得 $p^{-1}(B)\subset B$．这时，在 B 内 $p(z)$ 有 d 个反函数单值分支，$l_i: B\to B$，然后，依照上面的讨论，可得到共轭映照 $\varphi: \Sigma_d\to J(p)$ 而得到定理的结论．

第五章　整函数动力系统

本章主要讨论整函数迭代动力学的性质．第 1 节介绍了整函数动力系统的一些基本概念；第 2 节讨论整函数及其复合整函数的增长性；第 3 节主要讨论 Fatou 例外值．第 4,5 节研究了整函数的 Julia 集的一些基本性质，如完全性、局部扩展性．并且 Julia 集是周期点集的闭包；第 6 节证明了 Julia 集是斥性周期点集的极限点集；最后一节简要介绍整函数的游荡域，和周期分支的分类．

§1. 整函数动力系统的一些基本概念

设 E: $\mathbb{C}\to\mathbb{C}$ 为超越整函数，即 $E(z)$ 为定义于 $\mathbb{C}=\{z: |z|<\infty\}$ 的全纯函数，并且 $E(z)$ 不是多项式．定义迭代序列：

$$E^{\circ}(z)=z,\ E^1(z)=E(z),\cdots,$$
$$E^n(z)=E(E^{n-1}(z)),\cdots$$

对于任何点 $z_0\in\mathbb{C}$，定义前向轨道

$$O^+(z_0)=\{z_0,\ z_1=E(z_0),\cdots,\ z_n=E^n(z_0),\cdots\}.$$

z_0 的反向轨道定义为

$$O^-(z_0)=\{E^{-n}(z_0): n=1,2,\cdots\},$$

其中 $E^{-n}(z_0)$ 是 z_0 在 E^n 下的原象点集，$E^{-n}(z_0)=\{z: z\in\mathbb{C},\ E^n(z)=z_0\}$.

对于 $z_0\in\mathbb{C}$，如果存在一个最小的正整数 p，使得 $E^p(z_0)=z_0$，则 z_0 称为周期点，周期为 p．这时 z_0 的正向轨道为一个周期循环

$$O^+(z_0)=\{z_0,z_1=E^1(z_0),\cdots,\ z_{p-1}=E^{p-1}(z_0),$$

$$z_p = E^p(z_0) = z_0\}.$$

类似于有理函数动力系统，周期可分类如下：

设 z_0 为周期为 p 的周期点，$E^p(z_0) = z_0$，再设 $\lambda = (E^p)'(z_0)$，并称为特征值，则有下列类型：

a) 当 $0 < |\lambda| < 1$ 时，z_0 称为吸性周期点；

b) 当 $\lambda = 0$ 时，z_0 称为超吸性周期点；

c) 当 $|\lambda| = 1$ 时，$\lambda = e^{2\pi i\alpha}$，则 z_0 称为中性周期点，其中当 α 为有理数时，称为有理中性周期点；当 α 为无理数时，称为无理中性周期点；

d) 当 $|\lambda| > 1$ 时，z_0 称为斥性周期点。

周期为 1 的点，则简称为不动点。

整函数动力系统是指 $E(z)$ 经迭代生成的系统。与有理动力系统一样，我们要讨论轨道收敛的稳定性质。

首先我们定义 Julia 集及正规点集的概念。

对于 $E(z)$ 迭代生成的整函数族 $\{E^n(z): n = 0, 1, \cdots\}$，设正规点集为

$$N_E = \{z: z \in \mathbb{C}, \{E^n\} \text{ 在点 } z \text{ 是正规族}\}.$$

显然 N_E 是一个开集。令 $J_E = (\mathbb{C} - N_E) \cup \{\infty\}$，并称 J_E 为 Julia 集。J_E 是一个闭集。J_E 和 N_E 是完全不变，即 $E(J_E) = E^{-1}(J_E) = J_E$，$E(N_E) = E^{-1}(N_E) = N_E$。

称 J_E 为 Julia 集的同时，我们也称正规点集 N_E 为 Fatou 集。

下面讨论周期点的收敛性。

我们注意到，在讨论有理动力系统的局部动力学性质时，我们已得到下面的辅助引理。

引理 1.1 设 $f(z)$ 为定义于 $z = 0$ 邻域内的全纯函数，具有展开式

$$f(z) = \lambda z + a_2 z^2 + \cdots, \quad \lambda \neq 0,$$

则迭代族 $\{f^n(z): n = 0, 1, \cdots\}$ 在 $z = 0$ 是正规族，当且仅当存在 $z = 0$ 的邻域 U 及共形映照

$\phi: U \to D_r(0) = \{|\zeta| < r\}$, $\phi(0) = 0$, $\phi'(0) = 1$, 使得

$$(\phi \circ f \circ \phi^{-1})(\zeta) = \lambda\zeta.$$

此即有交换图表:

$$\begin{array}{ccc} U & \xrightarrow{f} & U \\ \downarrow \phi & & \downarrow \phi \\ D_r(0) & \longrightarrow & D_r(0) \\ \zeta & \longmapsto & \lambda\zeta \end{array}.$$

换另一种说法是，Schröder 函数方程

$$\phi(f(z)) = \lambda\phi(z)$$

在 $z = 0$ 邻域内有解析函数解 ϕ，满足

$$\phi(0) = 0, \ \phi'(0) = 1.$$

注意,如果 $f(z)$ 在 $z = z_0$ 的邻域内全纯,且有展开式

$$f(z) - z_0 = \lambda(z - z_0) + a_2(z - z_0) + \cdots, \ \lambda \neq 0,$$

则经变换 $M(z) = z - z_0$ 后，f 共轭于 $M \circ f \circ M^{-1}$，引理结论相应成立.

定理 1.1 如果 z_0 是 E 的吸性(超吸性)周期点,周期为 p,则 $z_0 \in N_E$，且存在 z_0 的邻域 U，使得 $\{E^n\}$ 的内部一致收敛子列总收敛于 $\{z_0, z_1 = E^1(z_0), \cdots, z_{p-1} = E^{p-1}(z_0)\}$ 中的一点.

证明 由假设，$E^p(z_0) = z_0$，$(E^p)'(z_0) = \lambda$，$|\lambda| < 1$，因此总存在 $U = \{|z - z_0| < r\}$，及 $\lambda < \mu < 1$，使得当 $z \in U$ 时总有

$$|E^p(z) - z_0| \leqslant \mu|z - z_0|.$$

由此递推,得到

$$|E^{kp}(z_0) - z_0| \leqslant \mu^k|z - z_0|.$$

因此容易看出,子序列 $\{E^{kp}\}$ 在 U 内一致收敛于 z_0. 于是对任何 $0 \leqslant j \leqslant p$，同样可看出，存在一个邻域 U_j，使得子序列 $\{E^{kp+j}\}$ 在 U_j 内一致收敛于 $E^j(z_0) = z_j$.

由于 $\{E^n\}$ 的子序列总包含序列 $\{E^{kp+j}: k = 1, 2, \cdots\}$ 的一个子序列,因此 $\{E^n\}$ 在 $z = 0$ 正规,在邻域 $U \subset \bigcap_{j=0}^{p-1} U_j$ 内,收敛

子序列一致收敛于 $\{z_0, z_1, \cdots, z_{p-1}\}$ 中一点．定理证完．

定理 1.2 如果 z_0 是 E 的周期为 p 的斥性周期点，则 $z_0 \in J_R$．

证明 由假设 $E^p(z_0) = z_0$，$\lambda = (E^p)'(z_0)$，$|\lambda| > 1$．由辅助引理，如果 $z_0 \in N_E$，则存在 z_0 的邻域 U 及共形映照 $\phi: U \to D_r(0)$，$\phi(z_0) = 0$，$\phi'(z_0) = 1$，使得有交换图表：

$$\begin{array}{ccc} U & \xrightarrow{E^p} & U \\ \downarrow \phi & & \downarrow \phi \\ D_r(0) & \xrightarrow[\zeta \to \lambda\zeta]{} & D_r(0) \end{array} .$$

因此序列 $\{E^{kp}\}$ 在 U 内一致趋于 ∞，但 $E^{kp}(z_0) = z_0$，这就得到矛盾．

定理 1.3 如果 z_0 是 E 的有理中性周期点，则 $z_0 \in J_E$．

证明 由假设 $E^p(z_0) = z_0$，$\lambda = (E^p)'(z_0) = e^{2\pi\alpha i}$，$\alpha$ 是有理数．如果 $z_0 \in N_E$，则 $\{E^{kjp}(z)\}$，$k = 1, 2, \cdots$，在点 z_0 正规，其中取定 j，使 $\lambda^j = 1$．根据辅助引理，存在 z_0 的邻域 U 及共形映照

$$\phi: U \to D_r(0),\ \phi(z_0) = 0,\ \phi'(z_0) = 1,$$

使得有交换图表：

$$\begin{array}{ccc} U & \xrightarrow{E^{jp}} & U \\ \downarrow \phi & & \downarrow \phi \\ D_r(0) & \xrightarrow[\zeta \mapsto \zeta]{} & D_r(0) \end{array} .$$

由此得到 $E^{jp}(z) \equiv z$，$z \in U$，这便与 E^{jp} 是超越整函数矛盾．因此 $z_0 \in J_R$．

定理 1.4 如果 z_0 是 E 的无理中性周期点，且 $z_0 \in N_E$，则存在 z_0 的邻域，及一子序列 $\{E^{n_j}(z)\}$ 在 U 内一致收敛于 z．

证明 由假设 $z_0 = E^p(z)$，$(E^p)'(z_0) = e^{2\pi\alpha i}$，$\alpha$ 是无理数，$z_0 \in N_E$，根据辅助引理，存在 z_0 的邻域 U 及共形映照

$$\phi: U \to D_0(r),\ \phi(z_0) = 0,\ \phi'(z_0) = 1,$$

使得有下面交换图表:

$$\begin{array}{ccc} U & \xrightarrow{E^p} & U \\ \downarrow \phi & & \downarrow \phi \\ D_r(0) & \xrightarrow[\zeta \mapsto e^{2\pi\alpha i}\zeta]{} & D_r(0) \end{array}.$$

$\{E^{kp}\}$ 在U正规,因此我们可选取子序列 $\{k_j\}$, 使得 $\lambda^{kj} \to 1$,而子序列 $\{E^{k_jp}(\zeta)\}$ 在U内部一致收敛于 ζ. 定理得证.

§2. 整函数及复合整函数的模增长性

设 $f(z)$ 为整函数,定义于 $|z| < \infty$. f 的最大模定义为

$$M(r,f) = \max_{|z|=r}|f(z)| = \max_{|z|\leqslant r}|f(z)|,\ 0 \leqslant r < \infty.$$

由量 $M(r,f)$ 的增长性,确定 $f(z)$ 的性质.

$f(z)$是非超越整函数,即 $f(z)$是多项式,当且仅当存在 $k>0$,使得

$$M(r,f) = O(r^k).$$

这一性质是容易看出的, 因为整函数 $f(z)$ 在 $|z| < \infty$ 内具有展开式

$$f(z) = \sum_{n=0}^{\infty} a_n z^n,$$

且对于系数有 Cauchy 估计式

$$|a_n| \leqslant \frac{M(r,f)}{r^n},\ n = 1,2,\cdots$$

因此,当 $n > k$ 时 $a_n = 0$, $f(z)$ 是多项式.

$M(r,f)$ 是增函数,当 f 不是常数时, $M(r,f)$ 是无界的. 根据下面的

Hadamard 三圆定理 设 $f(z)$ 在圆环 $R_1 < |z| < R_2$ 内全纯,

$$M(r,f)=\max_{|z|=r}|f(z)|, \quad R_1<r<R_2.$$

则对于 $R_1<r_1<r_2<r_3<R_2$ 有

$$\log M(r_2,f)<\frac{\log r_3-\log r_2}{\log r_3-\log r_1}\log M(r_1,f)$$
$$+\frac{\log r_2-\log r_1}{\log r_3-\log r_1}\log M(r_3,f).$$

对于整函数 $f(z)$，$\log M(r,f)$ 是复数 $\log r$ 的凸函数.

$\log M(r,f)$ 是 $f(z)$ 的特征函数，根据上面所证，$f(z)$ 是多项式当且仅当

$$\log M(r,f)=O(\log r).$$

对于超越整函数，模增长的级定义为

$$\lambda=\overline{\lim_{r\to\infty}}\frac{\log\log M(r,f)}{\log r}.$$

对任何 $a\in\mathbb{C}$，$f(z)-a$ 的零点称为 a 值点，0 值点即为零点.

Picard 定理　对于超越整函数 $f(z)$，a-值点总是无穷多个，至多除去 1 个例外值 a.

注意，如果例外值 a 存在，则对于此 a 值点是有穷多个，当 a 值点不存在时，我们称 a 为 Picard 例外值.

关于模的估计有下面重要的经典定理

Schottky 定理　设 $f(z)$ 为定义于 $|z|<1$ 内全纯函数，且 $f(z)\neq 0,1$. 则对于 $0<r<1$，有

$$M(r,f)\leqslant\exp\left\{\frac{1}{1-r}\left[(1+r)\log^+|f(0)|+2rC\right]\right\}$$

其中 C 为绝对常数.

Schottky 定理具有多种形式，这形式可在 Hayman 的书 [Ha] (p169) 中找到.

现在我们来讨论复合整函数的增长性.

设 E 是超越整函数，则迭代序列 $E^n(z)=E(E^{n-1})$ 都是超越整函数.

一般情况下，如果 $E(z),F(z)$ 都是整函数，且其中有一个是超越整函数，则 $E(F(z))$ 也是超越整函数.

事实上，对 $y\in\mathbb{C}$，方程

$$E(u)=y$$

当 E 是多项式时，有有限多个解，当 E 是超越整函数时，且 y 不是 Picard 例外值，则方程有无穷多个解. 对于方程的每一个解 u，方程

$$F(z)=u.$$

当 F 是多项式时，对应有有限多个解. 当 F 是超越整函数时，一定存在一个 u 不是 Picard 例外值，因为方程有无限多个解，总之，$E(F(z))$ 一定是超越整函数.

我们要进一步估计复合整函数的模增长性.

Bohr 定理 设 $w=f(z)$ 在 $|z|<1$ 全纯，满足条件 $f(0)=0$，且

$$M\left(\frac{1}{2},f\right)\geqslant 1.$$

则存在一个绝对常数 A，$0<A<1$，使得在 $[A,\infty)$ 内，总存在 $r\geqslant A$，而 $f(z)$ 在 $|z|<1$ 内总取到圆周 $|w|=r$ 上的任何值.

证明 假设 $l>0$，使得对任何 $r>l$，在圆周 $|w|=r$ 上总存在点 w_r，而在圆 $|z|<1$ 内

$$f(z)\neq W_r.$$

我们估计 l 的下界，取圆周 $|w|=l$，$|w|=2l$，并分别在其上取点 w_1 与 w_2，使得在 $|z|<1$ 内，

$$f(z)\neq w_1,\ w_2.$$

作整函数

$$\phi(z)=\frac{f(z)-w_1}{w_2-w_1}.$$

则在 $|z|<1$ 内 $\phi(z)\neq 0,1$ 且

$$|\phi(0)|=\left|\frac{w_1}{w_2-w_1}\right|\leqslant 1.$$

根据 Schottky 定理，对于 $|z| \leqslant \frac{1}{2}$ 有

$$|\phi(z)| \leqslant \exp(2c) = A_1,$$

其中 c 是绝对常数,因而在 $|z| < \frac{1}{2}$ 内

$$\begin{aligned}|f(z)| &\leqslant |w_1| + |w_2 - w_1||\phi(z)| \\ &\leqslant l(1 + 3A_1).\end{aligned}$$

这就是说

$$1 < M\left(\frac{1}{2}, f\right) < l(1 + 3A_1).$$

因此，如果取 $A = l = \frac{1}{1 + 3A_1} < 1$，则定理结论成立.

现在我们应用 Bohr 定理证明关于复合整函数增长性的 Polya 定理.

Polya **定理**. 设 $g(z)$, $h(z)$ 为整函数，$R(0) = 0$，则对于 $f(z) = g(h(z))$，$f = g\circ h$，有模估计式

$$M(r, g\circ h) \geqslant M\left(AM\left(\frac{r}{2}, h\right), g\right),$$

其中 A, $0 < A < 1$ 为 Bohr 定理中的绝对常数.

证明 作整函数

$$H(z) = \frac{h(rz)}{M\left(\frac{r}{2}, h\right)}.$$

则 $H(z)$ 在 $|z| < 1$ 内全纯，$H(0) = 0$ 且 $M\left(\frac{1}{2}, H\right) \geqslant 1$. 应用 Bohr 定理得到,存在 $R' \geqslant A$，使得 $H(z)$ 在 $|z| < 1$ 内取圆周 $|w| = R'$ 上的任何值,因此存在圆周 $|w| = R$,

$$R \geqslant AM\left(\frac{r}{2}, h\right),$$

使得 $A(z)$ 在 $|z| = r$ 内取到 $|w| = R$ 上任何值.

现在,在 $|w| = R$ 上取点 w_0，使得

$$M(R,g)=|g(w_0)|.$$

另外取一点 $z_0,|z_0|<r$，使得 $h(z_0)=w_0$，这样，我们便有

$$M(r,g\circ h)\geqslant|g(h(z_0))|=|g(z_0)|$$
$$=M(R,g)\geqslant M\left(AM\left(\frac{r}{2},h\right),g\right).$$

定理得到证明.

引理 2.1 设 $g(z)$ 为整函数，$h(z)$ 为超越整函数，则对于任意给定的整数 $N>0$，

$$\log M(r,g\circ h)\geqslant N\log M(r,g).$$

证明 作定义于 $|z|<1$ 的全纯函数

$$H(z)=\frac{h(rz)-h(0)}{M\left(\frac{r}{2},h-h(0)\right)},$$

$H(z)$ 满足 Bohr 定理条件，因此存在圆周 $|w|=R'$，$R'\geqslant A$. 使得在 $|z|<1$ 内 $H(z)$ 取圆周 $|w|=R'$ 上任何值，因而 $h(z)$ 在 $|z|<r$ 内取到圆周

$$|w-h(0)|=R'M\left(\frac{r}{2},\ h-h(0)\right)$$

上任何值，其中

$$R>AM\left(\frac{r}{2},\ h-h(0)\right)\geqslant A\left(M\left(\frac{r}{2},h\right)-|h(0)|\right).$$

现在，在圆周 $|w-h(0)|=R$ 上一定存在一点 w_0，使得

$$\max_{|w-h(0)|=R}|g(w)|=|g(w_0)|.$$

而在 $|z|<r$ 内存在 z_0 使得 $h(z_0)=w_0$，因此我们有

$$M(r,g\circ h)\geqslant|g(h(z_0))|=|g(w_0)|$$
$$=\max_{|w-h(0)|=R}|g(w)|=\max_{|w|=R-h(0)}|g(w)|$$
$$\geqslant M(R-|h(0)|,g).$$

但是

$$R-h(0)>AM\left(\frac{r}{2},h\right)-(1+A)|h(0)|.$$

再由假设 $h(z)$ 是超越整函数，对于给定的 $N>0$，当 r 充分大时有

$$M(r,h)\geqslant r^{N+2}.$$

因此我们有估计式，当 r 充分大时

$$R-|h(0)|>r^{N+1},$$

而且

$$M(r,g\circ h)>M(r^{N+1},g).$$

两边取对数便得到

$$\log M(r,g\circ h)>\log M(r^{N+1},g).$$

由于 $\log M(r,g)$ 是 $\log r$ 的凸函数，因此对于固定的 $r_0>0$，有

$$\log M(r,g)\leqslant\frac{\log r^{N+1}-\log r}{\log r^{N+1}-\log r_0}\log M(r_0,g)$$

$$+\frac{\log r-\log r_0}{\log r^{N+1}-\log r_0}\log M(r^{N+1},g).$$

因此当 r 充分大时，

$$\log M(r^{N+1},g)\geqslant N\log M(r,g).$$

最后便得到

$$\log M(r,g\circ h)\geqslant N\log M(r,g).$$

引理得证.

定理 2.1 设 E 是超越整函数，F 是整函数，则因子分解式

$$F(E(z))=P(z)F(z)+Q(z)$$

不能成立，其中 $P(z)$ 与 $Q(z)$ 是多项式.

证明 当 $F(z)$ 是多项式时，分解显然不成立. 因为这时分解式右边是多项式，左边是超越整函数.

当 F 是超越整函数时，根据引理 2.1，对于固定的充分大的 $N>0$，

$$N\log M(r,F)\leqslant\log M(r,F\circ E).$$

如果分解式成立，设 $P(z)$ 和 $Q(z)$ 的次数 $<m$，则

$$M(r,F\circ E)\leqslant r^mM(r,F)+r^m\leqslant 2r^mM(r,F).$$

当 r 充分大时有

$$\log M(r, F\circ E) \leqslant \log M(r, F) + m\log r + \log 2.$$

总之，当 r 充分大时，我们得到

$$(N-1)\log M(r, F) < m\log r + \log 2 \leqslant (m+1)\log r.$$

因此由于$N-1$充分大，最后便得到：当 r 充分大时

$$M(r, F) < r^{m+1}.$$

这就说明 $F(z)$ 是多项式，而与F是超越整函数矛盾。分解式不能成立。定理得证。

§3. Fatou 例外值与不动点

定义 设 $E(z)$ 是超越整函数，$a\in\mathbb{C}$ 称为E的 Fatou 例外值，如果 $E(z)$ 具有表示式

$$E(z) = a + (z-a)^p e^{H(z)},$$

其中 $H(z)$ 是整函数，$p\geqslant 0$ 为整数。当 $p=0$ 时，Fatou 例外值 a 定是 Picard 例外值，这时 $E(z)-a \neq 0$。

Fatou 例外值 a，不一定在 N_E 内，当 $p\geqslant 2$ 时，a 是超吸性不动点，这时 $a\in N_E$。设E的 Fatou 例外点集为 E_x，则由 Picard 定理，E_x 最多有 1 点。

当 a 是E的 Fatou 例外值时，$E^{-n}(a) = \{a\}$ 或空集，$n=1,2,\cdots$

定理 3.1 对任何 $b\in\mathbb{C}\backslash\{a\}$，其中 a 是E的 Fatou 例外值，有

$$J_E \subset \Big(\bigcup_{n=0}^{\infty} E^{-n}(b)\Big)'.$$

当 $b\in J_E-\{a\}$ 时，则有

$$J_E = \Big(\bigcup_{n=0}^{\infty} E^{-n}(b)\Big)'.$$

证明 我们先证明，对任何点 $z_0\in J_E$，z_0 是 $\bigcup\limits_{n=0}^{\infty} E^{-n}(b)$ 的

极限点，首先注意到 b 不是 Fatou 例外值，$\bigcup_{n=0}^{\infty} E^{-n}(b)$ 是一个无穷集. $z_0 \in J_E$，z_0 不是 $\{E^n\}$ 的正规点，因此对任何充分小的邻域 U，根据 Montel 正规定则，$\bigcup_{n=0}^{\infty} E^n(U)$一定全含有 $\bigcup_{n=0}^{\infty} E^{-n}(b)$ 的点，最多除一个点例外. 因此存在 $z' \in U$，$z' \neq z_0$，使得 $E^n(z') = E^{-m}(b)$，即$z' \in E^{-(n+m)}(b)$. 这就说明，z_0 是 $\bigcup_{n=0}^{\infty} E^{-n}(b)$ 的极限点. 第一个关系式得证.

当 $b \in J_E - \{a\}$ 时，由于 J_E 的完全不变性，我们有

$$J_E \subset \left(\bigcup_{n=0}^{\infty} E^{-n}(b)\right)' \subset J_E.$$

这就得到第二关系式，定理证完.

定理 3.2 如果超越整函数 $E(z)$ 有一个 Fatou 例外值，则 $E(z)$ 有无穷多个不动点.

证明 设 Fatou 例外值为 a，则

$$E(z) = a + (z-a)^p e^{H(z)}.$$

因此函数

$$\frac{E(z)-a}{z-a}$$

取 0 值和∞值至多各一次，从而取 1 值的点，即为 $E(z)-z$ 的零点，一定无穷多次，否则由 Picard 定理

$$\frac{E(z)-a}{z-a} = Q(z),$$

其中 $Q(z)$ 为有理函数. 因而 $E(z) = a + (z-a)Q(z)$ 为多项式，与假设 $E(z)$ 是超越整函数矛盾. $E(z)-z$ 有无穷多个零点，即 $E(z)$ 有无穷多个不动点.

定理 3.3 如果超越整函数 $E(z)$ 没有不动点，则 $E^2(z)$ 一定有无穷多个不动点.

证明 由假设 $E(z) - z \neq 0$. 因此整函数

$$\frac{E^2(z)-z}{E(z)-z}$$

不取值 1 和∞。根据 Picard 定理,取值 0 的点,即 $E^2(z)-z$ 的零点必有无穷多个,否则

$$\frac{E^2(z)-z}{E(z)-z}=P(z),$$

其中 $P(z)$ 是多项式,因而我们得到分解式

$$E^2(z)=E(E(z))=P(z)E(z)+z-zP(z).$$

根据定理 2.1,这是不可能的. 这样 $E^2(z)-z$ 的零点,即 $E^2(z)$ 的不动点有无穷多个。定理得证.

§4. J_E 的基本性质

我们首先证明,设对于超越整函数 E, J_E 是一个无穷集.

引理 4.1 如果 E 有一个吸性(或超吸性)不动点,则 $J_E\neq\varnothing$ 且是一个无穷集.

证明 设吸性不动点为 α, 则根据定理 1.1 存在 α 的一个邻域 U, 使得在 U 内, 一致地有

$$E^n(z)\to\alpha.$$

现假设 $J_E=\varnothing$, $N_E=\mathbb{C}$, 则不难看到,在 C 内部一致地有

$$E^n(z)\to\alpha;$$

$$(E^n)'(z)\to 0.$$

因此,当 n 充分大时, 在圆 $|z-\alpha|<R$ 内, 总有

$$|E^n(z)-\alpha|\leqslant M|z-\alpha|,$$

其中 $0<M<1$ 为常数,因而

$$|E^{n+j}(z)-\alpha|\leqslant M^j|z-\alpha|.$$

级数

$$\sum_{n=0}^{\infty}[E^n(z)-\alpha]$$

在 C 内部一致收敛。设

$$\sum_{n=0}^{\infty}[E^n(z)-\alpha]=F(z),$$

则 $F(z)$ 是一个整函数，且有

$$F[E(z)] = \sum_{n=0}^{\infty}[E^{n+1}(z) - \alpha] = F(z) - (z - a).$$

根据定理 2.1，这种分解不可能存在。这一矛盾说明 $J_E \neq \varnothing$。包含 α 的正规点集 N_E 的分支 $A(\alpha)$（吸性盆）不是 $\mathbb{C}$. 边界 $\partial A(\alpha) = J_E$ 一定多于 2 点。因为如果 $\partial A(\alpha) = \{b\}$. 则有圆周 $|z - b| = \delta$ 在 $A(\alpha)$ 内。因此，$E^n(z)$ 在 $|z - b| = \delta$ 上，因而在 $|z - b| \leqslant \delta$ 内一致收敛于 α，$b \in A(\alpha)$，矛盾。$\partial A(\alpha)$ 最少有 2 点，因此有一点 $b \in \partial A(\alpha) \subset J_E$，$b$ 不是 Fatou 例外值。再由定理 3.1，$J_E = \left(\bigcup_{n=0}^{\infty} E^{-n}(b)\right)'$ 是一个无穷集。

定理 4.1 如果 E 有一个无理中性不动点是正规点，则 $J_E \neq \varnothing$ 且 J_E 是无穷集。

证明 设 $E(z)$ 的无理中性不动点为 $a, E(a) = a, E'(a) = e^{2\pi i\theta}$，$\theta$ 是无理数，$a \in N_E$。设 N_E 包含 a 的分支为 $N(a)$。

根据定理 1.4. 存在 a 的一个邻域 U，存在子序列 $E^{n_j}(z)$ 在 U 内部一致收敛于 z。经选取子序列后，不妨假设 $E^{n_j}(z)$ 在 $N(a)$ 内部一致收敛于 z。

我们断言，对于非 Fatou 例外值的不动点 b，如果 $b \in N(a)$，则对任何 $c \in E^{-1}(b) - \{0\}, c \bar{\in} N(a)$，因为如果 $c \in N(a)$，则将得到

$$E^{n_j}(c) \to c, \ E^{n_j}(c) = E^{n_j}(b) = b.$$

但 $E(b) = b$，因而 $c = b$，得到矛盾。

现在容易看出，$J_E \neq \varnothing$，因为如果 $J_E = \varnothing$，$N(a) = \mathbb{C}$. 这时由断言得出，a 是 Fatou 例外值。再根据定理 3.2，这时 E 有无穷多个不动点在 $\mathbb{C} = N(a)$ 内，其中必有不动点不是 Fatou 例外值这又与所证断言矛盾。

最后证明 J_E 是无穷集。根据断言，如果 a 不是 Fatou 例外值，则 $E^{-1}(a) - \{a\}$ 的点在 $N(a)$ 外部。因此 $\partial N(a)$ 包含多于 2 点。

如果 a 是 Fatou 例外值，则根据定理 3.2，E 有无穷多个不动点。如果无穷多个不动点都在 J_E 上，则 J_E 已是无穷集．否则有无穷多个不动点在 N_E 内，且除 a 外都不是 Fatou 例外值．这时容易看出，N_E 除 $N(a)$ 外一定有其它分支．$\partial N(a)$ 由多于 2 的点组成．

$\partial N(a)\subset J_E$，且多于两点，因此一定存在一点 $b\in J_E$，b 不是 Fatou 例外值，由定理

$$J_E=\left(\bigcup_{n=0}^{\infty}E^{-n}(b)\right)'$$

是一个无穷集．定理证完．

引理 4.2 如果超越整函数 $E(z)$ 有无穷多个不动点，则 J_E 是无穷集．

证明 如果这无穷多个不动点都属于 J_E，则 J_E 已是无穷集．否则将有无穷多个不动点在 N_E 内，则这些不动点或为吸性的，或为无理中性的．因此由前两引理，J_E 是无穷集．

定理 4.2 对于超越整函数 $E(z)$，J_E 总是一个无穷集．

证明 分三种情况讨论之．

情况 1. 如果 $E(z)$ 有且仅有有限多个不动点，这时由定理 3.2，$E(z)$ 没有 Fatou 例外值，其中如果有一个吸性的或无理中性的不动点在 N_E 内，则由引理 4.1 及 4.2，J_E 是无穷集．否则则有一个不动点 a 属于 J_E，而 a 又不是 Fatou 例外值，由定理 3.1，$J_E=\overline{\left(\bigcup_{n=0}^{\infty}E^{-n}(b)\right)}$ 也是无穷集．

情况 2. 如果 $E(z)$ 有无穷多个不动点，则由引理 4.2，J_E 是无穷集．

情况 3. $E(z)$ 没有不动点，这时由定理 3.3，$E^2(z)$ 有无穷多个不动点，因此 $J_{E^2}\subset J_E$ 是一个无穷集．定理证完．

定理 4.3 J_E 是一个完全集．

证明 由于 J_E 是一个无穷集，因此存在 $b\in J_E$，b 不是 $E(z)$ 的 Fatou 例外值．根据定理 3.1

$$J_E = \left(\bigcup_{n=0}^{\infty} E^{-n}(b)\right)'.$$

因此 $J_E \subset (J_E)'$，但 $(J_E)' \subset J_E$. 从而 $J_E = (J_E)'$，J_E 是完全集.

设 $E(z)$ 的周期点集为 P

$$P = \{z_0 \in \mathbb{C}; E^p(z_0) = z_0\}.$$

定理 4.4 $J_E \subseteq (P)'$.

证明 我们用 Montel 正规定理来证明这一定理.

如果 $z_0 \in J_E$，z_0 是周期点，$z_0 = E^p(z_0)$. 则有

$$|(E^p)'(z_0)| \geqslant 1.$$

如果 z_0 是有理中性周期点，$(E^p)'(z_0) = e^{2\pi\frac{n}{m}i}$，则用 $E^{mp}(z)$ 代替 E^p 时,我们假定 $(E^p)'(z_0) = 1$. 因此设 $\lambda = (E^p)'(z_0)$，则我们有 $\lambda = 1, \lambda = e^{2\pi i\theta}$ (θ 是无理数或 $|\lambda| > 1$).

现在假设 z_0 存在一个邻域 U，使得在U内没有异于 z_0 的周期点. 取 $E^p(z)$ 的反函数的一个单值分支，记之为 $E^{-p}(z)$. $E^{-p}(z)$ 定义于 z_0 的邻域 $U_0 \subset U$ 内，$E^{-p}(z_0) = z_0$.

在 U_0 内没有异于 z_0 的周期点，因此当 $z_0 \in U_0 - \{z_0\}$ 时，

$$E^{np}(z) - z \neq 0, \quad z - E^{-p}(z) \neq 0,$$

$$E^{np}(z) - E^{-p}(z) \neq 0.$$

而全纯函数族

$$f_n(z) = \frac{E^{np}(z) - z}{E^{np}(z) - E^{-p}(z)}, \quad n = 1, 2, \cdots$$

在 $U_0 - \{z_0\}$ 内,不取值 $0, 1, \infty$.

现在计算 $f_n(z_0)$，当 $\lambda \neq 1$ 时，即 $|\lambda| > 1$ 及 $\lambda = e^{2\pi\theta i}$ (θ 为无理数)时,由于

$$(E^{-p})'(z_0) = \frac{1}{\lambda},$$

我们有

$$f_n(z_0) = \frac{(E^{np})'(z_0) - 1}{(E^{np})'(z_0) - (E^{-p})'(z_0)}$$

$$= \frac{\lambda^n - 1}{\lambda^n - \frac{1}{\lambda}} \neq 0.1, \infty.$$

当 $\lambda = 1$ 时,设在 z_0 邻域内有展开式

$$E^p(z) = z_0 + (z - z_0) + a_\mu (z - z_0)^\mu + \cdots, a_\mu \neq 0.$$

则有

$$E^{np}(z) = z_0 + (z - z_0) + n a_\mu (z - z_0)^\mu + \cdots,$$

$$E^{-p}(z) = z_0 + (z - z_0) - a_\mu (z - z_0)^\mu + \cdots$$

由此得到

$$E^{np}(z) - z = n a_\mu (z - z_0)^\mu + \cdots,$$

$$E^{np}(z) - E^{-p}(z) = (1 + n) a_\mu (z - z_0)^\mu + \cdots$$

因此

$$f_n(z_0) = \frac{n a_\mu}{(1 + n) a_\mu} = \frac{n}{1 + n} \neq 0, 1, \infty.$$

根据 Montel 正规定理, $\{f_n(z)\}$ 在 U_0 内正规,而

$$E^{np}(z) = \frac{E^{-p}(z) f_n(z) - z}{f_n(z) - 1}$$

也构成正规族. 由于 $z_0 = E^n(z_0)$ 是周期点,因此 z_0 是正规点, $z_0 \in N_E$ 而与 $z_0 \in J_E$ 矛盾,假设不能成立. z_0 的任何邻域内有异于 z_0 的周期点,因此 z_0 是周期点集的极限点.

现在设 $z_0 \in J_E$, z_0 不是周期点, 也不是 Picard 例外值, 这时一定存在 $b \in \mathbb{C}$, $b \in J_E$, $E(b) = z_0$. 在 z_0 的邻域 U_0 内取 $E(z)$ 的反函数的分支、设在 b 的邻域内

$$E(z) = z_0 + b_q (z - b)^q + \cdots, \ b_q \neq 0.$$

则有反函数分支

$$E^{-1}(z) = b + a_1 (z - z_0)^{\frac{1}{q}} + \cdots + a_n (z - z_0)^{\frac{n}{q}} + \cdots$$

假设在 z_0 的邻域 U_0 内, 没有 $E(z)$ 的周期点, 则对任何 $n = 1, 2, \cdots$, 在 U_0 内

$$f_n(z) = \frac{E^n(z) - z}{E^n(z) - E^{-1}(z)} \neq 0, 1, \infty.$$

其中 $E^{-1}(z)$ 是 q 值函数．作变换

$$t = (z - z_0)^{\frac{1}{q}},$$

把 $|t| < r$ 变为 U_0 的一个小邻域 U，则在 $|t| < r$ 内单值解析函数族 $\{f_n(z_0 + t^q)\}$ 不取值 0, 1, ∞，因此是一个正规族．因而在 U 内 $\{f_n(z)\}$ 是正规族．再反过来 $\{E^n(z)\}$ 在 U 内是正规族．此与假定 z_0 不是周期点集的极限点矛盾．

最后一种情况是，$z_0 \in J_E$，z_0 是 Picard 例外值．由于这时 z_0 是 J_E 的点的极限点，J_E 中除 z_0 外都是周期点的极限点，显然 z_0 也是周期点的极限点．至此定理证完．

§ 5. Julia 集的局部扩展性

这里我们要讨论 Julia 集 J_E 上的点的邻域 D，在映照 E^n 下的象 $E^n(D)$ 的扩展性．

我们首先证明，关于 J_E 上的点的非正规性的一个引理．

引理 5.1 设 $E(z)$ 是超越整函数，则对于 J_E 上任何点 z_0，$E^n(z)$ 的任何子序列 $\{E^{n_j}(z)\}$ 在 z_0 也不是正规的．

证明 假设定理结论不成立，则一定存在一个子序列 $\{E^{n_j}(z)\}$，在 z_0 的一个邻域 D 内一致收敛于全纯函数 $\phi(z)$ 或∞．

我们可以证明，$E^{n_j}(z)$ 一致收敛于 $\phi(z)$．

事实上，根据定理 4.3，在 D 一定存在两个周期分别为 p 与 q 的周期点 a 与 b，$a \neq b$，且对应有两个不同的周期循环

$$O^+(a) = \{a, E^1(a), \cdots, E^{p-1}(a), E^p(a) = a\},$$

$$O^+(b) = \{b, E^1(b), \cdots, E^{q-1}(b), E^q(b) = b\}.$$

因此对于序列 $\{E^{n_j}(z)\}$，$E^{n_j}(a)$ 一定是循环 $O^+(a)$ 中之一值．这就说明，$E^{n_j}(z)$ 不能一致收敛于∞，因此 $E^{n_j}(z)$ 收敛于全纯函数 $\phi(z)$．

现在取 z_0 的邻域 $D_0 \subset D$，使得对任意给定的 $\varepsilon > 0$，在 D_0 内

$$|\phi(z)-\phi(z_0)|<\varepsilon/2.$$

对于 D_0，存在 $N>0$，使得当 $n_j\geqslant N$ 时，在 D_0 内总有

$$|E^{n_j}(z)-\phi(z)|<\varepsilon/2,$$

因而有

$$|E^{n_j}(z)-\phi_0(z_0)|<\varepsilon.$$

对于上面取定的 a 和 b，可以假定 a，b 不是 Fatou 例外值。根据引理 3.1，在邻域 D_0内一定存在点 a'及 b'，使得 $E^m(a')=a$，$E^{m'}(b')=b$。当 n_j 充分大时 $E^{n_j}(a')$ 一定是 $O^+(a)$ 中之一点，$E^{n_j}(b')$ 一定是 $O^+(b)$ 中之一点。因此 $O^+(a)$ 一定有一点 $E^k(a)$，$0\leqslant k\leqslant p-1$，满足

$$|E^k(a)-\phi(z_0)|<\varepsilon.$$

$O^+(b)$ 中一定有一点 $E^l(b)$，$0\leqslant l\leqslant q-1$。满足

$$|E^l(b)-\phi(z_0)|<\varepsilon.$$

结合这两个估计式，便得到

$$|E^k(a)-E^l(b)|<2\varepsilon.$$

由于 ε 是任意给定的，因此 $E^k(a)=E^l(b)$。这便与取定的循环 $O^+(a)$ 与 $O^+(b)$ 不同，即与没有公共点相矛盾。引理得证。

定理 5.1 设 $E(z)$ 为超越整函数，$z_0\in J_E$，D 为 z_0 的邻域。则对于平面 C 的有界闭集 A，A 不包含 $E(z)$ 的 Fatou 例外值，总存在整数 $N>0$，使得当 $n\geqslant N$ 时，

$$A\subset E^n(D).$$

证明 反证之，假设不存在 $N>0$，使得当 $n\geqslant N$ 时，$A\subset E^n(D)$，则存在子序列 $E^{n_j}(D)$，使得 $A-E^{n_j}(D)\neq\varnothing$。对于每一个 n_j，取一点 $a_j\in A-E^{n_j}(D)$。即 $a_j\in A$，$a_j\bar{\in}E^{n_j}(D)$。由于A是有界闭集，经选取子序列后，可以假定当 $n_j\to\infty$ 时，$a_j\to a$，而 $a\in A$。注意到 a 不是 Fatou 例外值，存在不同的两点 a'，$a''\in E^{-1}(a)$。因而在 a 的邻域U内，一定存在 $E(z)$ 的两个反函数分支 $E_1^{-1}(z)$，$E_2^{-1}(z)$，使得 $E_1^{-1}(U)\cap E_2^{-1}(U)=\varnothing$，$E_1^{-1}(a)=a'$ 与 $E_2^{-1}(a)=a''$。我们可以假定当 $n_j\geqslant M$ 时，M为充分大整数，$a_j\in U$。这时在 $E_1^{-1}(U)$ 与 $E_2^{-1}(U)$ 内各存在点 a_j' 与 a_j''，

使得 $E(a_j')=E(a_j'')=a_j$. 并且有 $a_j'\to a'$, $a_j''\to a''$. 于是对任何 $z\in D$, 由于 $E^{n_j}(z)\neq a_j$, 便有

$$E^{n_j-1}(z)\neq a_j', a_j''.$$

现在,在 z_0 的邻域 D 内, 考虑函数

$$f_n(z)=\frac{E^{n_j-1}(z)-a_j'}{a_j''-a_j'},$$

则在 D 内, $f_n(z)\neq 0,1$, 因此根据 Montel 定理, $\{f_n(z)\}$ 在 D 内正规, 因而 $\{E^{n_j-1}(z)\}$ 在 D 内正规, z_0 是子序列 $\{E^{n_j-1}(z)\}$ 的正规点. 这便与引理 5.1 矛盾. 从而说明定理结论一定成立.

到现在为止, 我们所述的关于整函数动力系统的理论, 是 Fatou 1926 年所建立的, 参考 [Fa].

特别应该提到, Fatou 当时未能证明,超越整函数的 Julia 集存在斥性周期点, 且是斥性周期点集的极限点集. 这一问题后来为 Baker 所解决,参看下一节.

§6. 整函数的斥性周期点

对于超越整函数 $E(z)$, 直到 1968 年 Baker 才证明关于 J_E 是斥性周期点集的极限点集的定理.

设 $P=\{E(z)$ 的周期点$\}$.

定理 6.1 $J_E=(P)'$.

这定理的证明要涉及到 Ahlfors 覆盖曲面论, 而导出一个关于正规族的判别定则.

设 $w=f(z)$ 为定义于圆 $|z|<R$ 内的亚纯函数. $f:|z|<R\to\overline{\mathbb{C}}$ 作为覆盖曲面, 象覆盖 $\overline{\mathbb{C}}$ 上的一个域. 设 $D_i(i=1,2,\cdots,q\geqslant 3)$ 为 $\overline{\mathbb{C}}$ 上的单连通 Jordan 域. 边界 ∂D_i 由(逐段)解析曲线组成, 且闭域 $\overline{D}_i$ 互不相交. 对于每一个 D_i, $f^{-1}(D_i)$ 的分支在 $|z|<R$ 内者称为在 D_i 上的岛, 其它分支称为半岛.

如果 $f^{-1}(D_i)$ 中存在岛 $\widetilde{D}_i$, 则 $f|_{\widetilde{D}_i}:\widetilde{D}_i\to D_i$ 是一个分支覆盖, 且覆盖 D_i 内任何点的次数都是同一个数 d, 即对任何 $a\in D_i$,

$f(z)-a$ 在 $\widetilde{D}_i$ 内具有 d 个零点,其中零点的重级计在内. d 称为岛 $\widetilde{D}_i$ 覆盖 D_i 的叶数. $\widetilde{D}_i$ 称为在 D_i 上的 d 叶岛,注意,如果 $\widetilde{D}_i$ 是 D_i 上的单叶岛,则 $f|_{\widetilde{D}_i}:\widetilde{D}_i \to D_i$ 是单叶映照.

根据 Ahlfors 覆盖曲面论,我们有下面的定理(参看 Tsuji 的书 [Ts], p262).

定理 6.2 设 $w=f(z)$ 为定义于圆 $|z|<R$ 内的亚纯函数,$D_i(i=1,2,\cdots,q,q\geqslant 3)$ 为上述单连通 Jordan 域. 假设对于每一个 D_i,D_i 上的岛的叶数 $\geqslant m_i$,m_i 为常数整数,满足

$$\sum_{i=1}^{q}\left(1-\frac{1}{m_i}\right)>2.$$

则

$$\frac{|f'(0)|}{1+|f(0)|^2}\leqslant\frac{k}{R},$$

$$\frac{|f'(z)|}{1+|f(z)|^2}\leqslant\frac{kR}{R^2-|z|^2},\quad |z|<R,$$

其中 k 为仅与 $D_1,D_2,\cdots,D_q$ 有关的常数.

注意,在定理中,当 D_i 上没有任何岛时,则可令 $m_i=\infty$.

如果取 $q=5$,且在每一个 D_i 上没有单叶岛则 $m_i\geqslant 2$,定理条件成立.

特别,当 $f(z)$ 为 $|z|<R$ 内全纯函数时,取 $q=3$,D_i 为 $\mathbf{C}$ 内的域,则定理条件也成立,因为这时取 D_4,使得 $\infty\in D_4$,因而 $m_4=\infty$.

现在导出一些新的关于正规族的判别定则,首先回顾一下:

Marty 正规定则. 设 $\{f\}$ 为定义于圆 $|z|<R$ 内的亚纯函数族,$\{f\}$ 是 $|z|<R$ 内的正规族,当且仅当对于任何紧集 $D\subset\{|z|<R\}$,存在常数 $M>0$,使得对于族 $\{f(z)\}$ 的 $f(z)$,对 $z\in D$ 都有

$$\frac{|f'(z)|}{1+|f(z)|^2}\leqslant M.$$

应用定理 6.2，及 Marty 正规定则，直接得到下面的正规定则。

定理 6.3 设 $\{f\}$ 为定义于圆 $|z|<R$ 内的亚纯函数族，$\{f\}$ 中每一个 $f(z)$ 满足定理 6.2 中的条件，则 $\{f\}$ 在圆 $|z|<R$ 是正规族。

定理 6.4 设 $\{f\}$ 为定义于圆 $|z|<R$ 内的亚纯函数族。如果对于给定的 5 个 $D_i(i=1,2,\cdots,5)$，及族中每一个 $f(z)$，在每一个 D_i 上没有单叶岛，则 $\{f\}$ 在 $|z|<R$ 内是正规族。

特别地，对于全纯函数族，有

定理 6.5 设 $\{f\}$ 为定义于圆 $|z|<R$ 内的全纯函数族。如果对于给定的 3 个 $D_i\subset\mathbb{C},(i=1,2,3)$。对于族中每一个 $f(z)$，在每一个 D_i 没有单叶岛，则 $\{f\}$ 在 $|z|<R$ 是正规族。

作为推论，可直接得到 Montel 正规定则。

定理 (Montel) 设 $\{f\}$ 为定义于圆 $|z|<R$ 内的亚纯函数族。如果对于给定的 3 个点，a_1，$a_2,a_3\in\overline{\mathbb{C}}$，对于族 $\{f\}$ 中的每一个 $f(z)$，$f(z)\neq a_1$，a_2，a_3，则 $\{f\}$ 在 $|z|<R$ 内是正规族。

因为如果对 D_i，使得 $a_i\in D_i$，则对于 D_i 将不会存在任何岛，因此可取 $m_i=\infty$。定理 6.3 条件成立。

定理 6.1 的证明 我们只要证明 $J_E\subset(P)'$ 即可。为此要证明，对于任何 $z_0\in J_E$ 及 z_0 的任一邻域 U，在 $U-\{z_0\}$ 内总有一个斥性周期点。

根据 J_E 的完全性，在 $U-\{z_0\}$ 内总存在不同的三点 $z_1,z_2,z_3\in J_E$。作充分小的圆

$$D_i=\{|z-z_i|<\delta\}\subset U-\{z_0\},\quad i=1,2,3.$$

使得 $\overline{D}_i$ 互不相交。我们知道，对于 $D_i(i=1,2,3)$ 族 $\{E^n\}$ 在 D_i 不正规。因此根据定理 6.5，对限定于 D_i 的族 $\{E^n\}$，及给定的 $D_1,D_2,D_3,\{E^n\}$ 中存在一个 E^{n_i},D_i 内有一个在某一个 D_j 上的岛，即 $\widetilde{D}_i\subset D_i$，$E^{n_i}:\widetilde{D}_i\to D_j$ 是单叶映照，即存在单值分支 $E^{-n_i}:D_j\to\widetilde{D}_i\subset D_i,i,j=1,2,3.$

因此只有三个情况:

1°存在 i，使得 $E^{-n_i}:D_i\to\widetilde{D}_i\subset D_i$.

2°存在 $i_1,i_2\in\{1,2,3\}$ 使得

$$E^{-n_{i_1}}:D_{i_1}\to\widetilde{D}_{i_2}\subset D_{i_2},$$
$$E^{-n_{i_2}}:D_{i_2}\to\widetilde{D}_{i_1}\subset D_{i_1}.$$

3°存在 $i_1,i_2,i_3\in\{1,2,3\}$，使得

$$E^{-n_1}:D_{i_1}\to\widetilde{D}_{i_2}\subset D_{i_2},$$
$$E^{-n_2}:D_{i_2}\to\widetilde{D}_{i_3}\subset D_{i_3},$$
$$E^{-n_3}:D_{i_3}\to\widetilde{D}_{i_1}\subset D_{i_1}.$$

总之存在 m，及一个 D_i，不妨设为 D_1，使得有单叶分支

$$E^{-m}:\ D_1\to E^{-m}(D_1)\subset D_1,$$

其中 $\overline{E^{-m}(D_1)}\subset D_1$.

E^{-m} 在 D_1 内一定有一个不动点 a，$E^{-m}(a)=a$. 事实上，应用 Rouche 定理，由于

$$E^{-m}(z)-z=(z-z_1)\left(\frac{E^{-m}(z)-z_1}{z-z_1}-1\right),$$

而

$$\left|\frac{E^{-m}(z)-z_1}{z-z_1}\right|<1,$$

$E^{-m}(z)-z$ 与 $z-z_1$ 在 D_1 内零点个数相同，因此 $E^{-m}(z)-z$ 有一零点 a，即 $E^{-m}(z)$ 的不动点. $E^m(a)=a$，从而 a 是 E 的周期点，现在证明 $|(E^{-m})'(a)|<1$，因此 $|(E^m)'(a)|>1$，a 是斥性周期点.

作线性分式变换 $\zeta=\phi(z)$，把 $D_1=\{|z-z_1<\delta\}$ 变为单位圆 $\Delta=\{|\zeta|<1\}$，使得 $\phi(a)=0$. 对 $\psi=\phi\circ E^{-m}\circ\phi^{-1}$: $\Delta\to\Delta$，应用 Schwarz 引理，得到

$$0<|\psi'(0)|<1,\ 因此\ 0<|(E^{-m})'(a)|<1.$$

至此我们证明了在某一个 $D_1\subset U-\{z_0\}$ 有一个斥性周期点，z_0 是斥性周期点的极限点. 定理证完.

附注　关于超越整函数存在斥性周期点，且 Julia 集是斥性

周期点集的极限点集．这一性质，直到 1968 年为 Baker 所证明，参考 [B1]．这里定理 6.1 的证明，即是根据 Baker 的证明思想而作一些改变得到的．

§7. 整函数的游荡域和非游荡域

到目前为止，上述的关于整函数的动力学性质基本上是与有理函数的动力学性质平行的．著名的 Sullivan 定理表明，有理映照系统没有游荡域．

对超越整函数，游荡域是否存在？

Baker 和 Herman 在 80 年代分别构造出具有游荡稳定域的超越整函数(参考 [B3]，[He2])．

事实上，Baker[B4] 还进一步证明了：

(i) 对于任意给定的 $\rho, 1 \leqslant \rho < +\infty$，存在一整函数，其级为 ρ 且 f 的动力系统有游荡域．

(ii) 超越整函数的 Fatou 集的任一多连通分支必是游荡域．

另一方面 Baker 证明了[B4]．

(iii) 若 P 和 Q 是多项式，Q 不是常数，则

$$f(z) = \int P(z) e^{Q(z)} dz \text{ 没有游荡域.}$$

(iv) 若 $P(z)$ 是非常数多项式，则 $f(z) = P(e^z)$ 没有游荡域．

(v) Eremenko 和 Lyubich [EL1] 进一步证明了更为广泛一些的一个函数类(有限型整函数)没有游荡域．

一个非常重要的问题是：究竟哪些超越整函数系统有游荡域，哪些没有游荡域？这一问题，还远远没有得到解决．

由有理函数的稳定域的分类定理，其周期分支只可能是吸性域、超吸性域、抛物域、Siegel 圆或 Herman 环之一．

由 (ii) 可知，超越整函数的 Fatou 集的周期分支不可能是 Herman 环．但是超越整函数，具有一类新的稳定域．我们称超

越整函数的 Fatou 集的一个分支 D 为本性抛物域，如果对 $z \in D$，总有 $f^n z \to \infty$.（当 $n \to \infty$）.

因此超越整函数的 Fatou 集的每一个周期分支必是吸性域、超吸性域、抛物域、本性抛物域或 Siegel 圆之一.

本节所叙述的结果均未给出证明，有兴趣的读者可参阅有关的文献.

第六章　一般解析函数的动力系统

本章首先介绍一般解析函数的动力系统，从而发现只有有理函数、整函数、亚纯函数和 $\mathbb{C}^*$ 上全纯自映射有研究价值. 第2节讨论 $\mathbb{C}^*$上的复动力系统的性质;第3节研究亚纯函数的动力系统. 同时,在这两节中,还找出它们与有理函数动力系统和整函数动力系统之间的一些联系和差别.

§1. 一般解析函数的动力系统概况

在前五章中，我们介绍了有理函数动力系统和整函数动力系统，有理函数和整函数都是特殊的解析函数. 一般解析函数迭代生成的动力系统会有什么样的性质? 在 1953 年，Rådström[Rå] 首先尝试研究了这一问题.

设D是球面S上的一个区域， f是定义在D上的亚纯函数. 如果 $z\in D$，使得 $f(z)\in D$，那么 $f^2(z)=f(f(z))$ 也存在;如果 $f^2(z)\in D$，则还可以定义 $f^3(z)=f(f^2(z))$，依次递推下去. 因此,对一个给定的 $z\in D$，只有两种情况发生,要么

$$f^n(z)\in D,\ n=0,1,2,\cdots,$$

其中

$$f^0(z)=z,\ f^{n+1}(z)=f(f^n(z));$$

要么存在N，使得

$$f^n(z)\in D,\ 0\leqslant n\leqslant N,$$

而

$$f^{N+1}(z)\bar{\in}D.$$

在后面一种情况,当 $n\geqslant N+2$ 时，$f^n(z)$ 没有定义.

令 $D_w = \{z \in D | f^n(z) \in D, n = 0, 1, 2, \cdots\}$,
则 $D_w \subset D$，而且

$$f^n(D_w) \subset D_w, \quad n = 1, 2, \cdots$$

按照迭代序列 $\{f^n\}$ 的性质，我们可将定义域D分成两部分. 称

$$F(f) = \{z \in D_w | \ \{f^n\} \text{ 在 } z \text{ 正规}\}$$

为 f 的稳定集或 Fatou 集. 称

$$J(f) = D - F(f)$$

为 f 的 Julia 集. 显然 $F(f)$ 是开集，$J(f)$ 是闭集.

注. 在本章中，我们不妨假定 f 具有下列性质：若 $S - D$ 有一个孤立点，则这一点是 f 的本性奇点.

下面我们就 $S - D_w$ 可能出现的四种情况分别讨论 f 的动力系统.

I. $S - D_w = \phi$,

II. $S - D_w = \{a\}$,

III. $S - D_w = \{a, b\}$,

IV. $S - D_w$ 多于两点.

在情况 I 中，$D_w = S$，那么 $D = S$，即 f 是 $S \to S$ 的有理函数. 在情况 II 中，$D_w = S - \{a\}$，则$D = S$或者 $D = S - \{a\}$；若 $D = S$，则 f 是有理函数且 $D_w = S_0$ 因此，在情况 II 时，$D = D_w = S - \{a\}$，通过 Möbius 变换将 a 映到∞，则 f 变成 $\mathbb{C} \to \mathbb{C}$ 的整函数.

在情况 III 中，$D_w = S - \{a, b\}$，此时 $D = S$，$D = S - \{a\}$ 或者 $D = S - \{a, b\}$；同情况 II 的讨论，$D = S$ 是不可能出现的，则只能是

III$_a$. $D = S - \{a\}$,

III$_b$. $D = S - \{a, b\}$.

在 III$_a$ 时，$D_w = S - \{a, b\}$，$D = S - \{a\}$，那么 $b \in D$，而 $b \bar{\in} D_w$，即存在 $n \geqslant 1$，使得 $f^n(b) = a$；易见 $f(b)$ 也不属于 D_w，则 $f(b) = b$ 或者 $f(b) = a$. 如果 $f(b) = b$，那么 $f^n(b) = b$, $n = 1, 2, \cdots$，与 $b \bar{\in} D_w$ 矛盾，故 $f(b) = a$，并且 b 是方程

$f(z)=a$ 的唯一的根. 通过 Möbius 变换，将 b 映到 0，a 映到 ∞,则 f 变成 $\mathbb{C}-\{0\}\to\mathbb{C}-\{0\}$ 的全纯函数. 因为 Möbius 变换不改变动力系统的性质,所以我们不妨认为 f 就是 $\mathbb{C}-\{0\}\to\mathbb{C}-\{0\}$ 的全纯函数，0 是 f 的唯一极点，∞是本性奇点，因此 $f(z)$ 具有形式

$$f(z)=z^{-n}e^{g(z)},\tag{1.1}$$

其中 $n\in\mathbb{N}$，$g(z)$ 是非常数的整函数. 在 III_b 时，$D=D_w=S-\{a,b\}$，通过 Möbius 变换,将 $\{a,b\}$ 映到$\{0,\infty\}$，则 f 变成 $\mathbb{C}-\{0\}\to\mathbb{C}-\{0\}$ 的全纯函数. 同上讨论,不妨认为 f 是 $\mathbb{C}-\{0\}\to\mathbb{C}-\{0\}$ 的全纯函数,0 和∞是本性奇点，故 $f(z)$ 就具有如下形式

$$f(z)=z^{m}e^{g(z)+h\left(\frac{1}{z}\right)},\tag{1.2}$$

其中 $m\in\mathbb{Z}$，$g(z)$ 和 $h(z)$ 都是非常数的整函数. 如果 $f(z)$ 具有形式 (1.1)，则 $f^k(z)(k\geqslant 2)$ 就有形式 (1.2). 记 $\mathbb{C}^*=\mathbb{C}-\{0\}$. 因此,在情况 III 时，我们可直接讨论 0 和∞是本性奇点的全纯函数 $f:\mathbb{C}^*\to\mathbb{C}^*$ 形成的动力系统，称之为 $\mathbb{C}^*$ 上复动力系统.

在情况 IV 时,因为 $f^n(D_w)\subset D_w$，$n=1,2,\cdots$，据 Montel 定理,所以 $\{f^n\}$ 在 D_w 的每个内点正规，即 $F(f)=\mathrm{Int}D_w$. 同上讨论，此时 $D\neq S$. 在情况 IV 中，人们比较感兴趣并且有研究价值的是 $D=\mathbb{C}$ 的情况，因为 $S-D_w$ 多于两点，所以 f 是 $\mathbb{C}\to\overline{\mathbb{C}}$ 的亚纯函数,且至少有一个极点. 由 f 迭代生成的动力系统称为亚纯函数动力系统. 如果 f 是 $\mathbb{C}$ 上只有一个极点的亚纯函数,且具有形式

$$f(z)=\alpha+(z-\alpha)^{-k}e^{g(z)},\tag{1.3}$$

其中 $k\in\mathbb{N}$，$g(z)$ 是非常数的整函数. 此时 $f(z)$ 满足情况 III_a，$S-D_w$ 只包含两个点. 从而在讨论亚纯函数动力系统时，我们要求 f 满足下面的假定.

假定 A. 设 f 是 $\mathbb{C}$ 上至少有一个极点的亚纯函数. 如果 f 只有一个极点,则 $f(z)$ 不具有形式

$$\alpha+(z-\alpha)^{-k}e^{g(z)},$$

其中 $k\in \mathbf{N}, g(z)$ 是非常数的整函数.

§2. $\mathbb{C}^*$ 上复动力系统

设 f 是 $\mathbf{C}^* \to \mathbf{C}^*$ 全纯函数,0 和∞是本性奇点. 考虑万有覆盖 $\pi:\mathbb{C}\to\mathbb{C}^*, \pi(z)=e^z$. 如果存在 $\tilde{f}:\mathbb{C}\to\mathbf{C}$ 也是全纯函数,且满足 $\pi\circ\tilde{f}=f\circ\pi$, 即使得下列图表交换:

$$\begin{array}{ccc} \mathbf{C} & \xrightarrow{\tilde{f}} & \mathbf{C} \\ \pi\downarrow & & \downarrow\pi \\ \mathbf{C}^* & \xrightarrow[f]{} & \mathbf{C}^* \end{array}$$

则称 $\tilde{f}$ 为 f 的一个提升. 进一步,

$$\pi\circ\tilde{f}^n=f^n\circ\pi,\quad n=1,2,\cdots$$

$\mathbf{C}^*$上复动力系统 $\{f^n\}$ 必然与整函数动力系统 $\{\tilde{f}^n\}$ 有密切的联系.

显然 f 的提升不唯一. 设 $\tilde{f}_1$ 和 $\tilde{f}_2$ 是 f 的任意两个提升,则

$$\pi\circ\tilde{f}_1^n=f^n\circ\pi=\pi\circ\tilde{f}_2^n,\quad \forall n\in\mathbf{N},$$

所以

$$\exp(\tilde{f}_1^n(z))=\exp(\tilde{f}_2^n(z)).$$

由 $\tilde{f}_1^n$ 和 $\tilde{f}_2^n$ 的连续性,则存在整数 k_n, 使得对任意的 $z\in\mathbf{C}$,

$$\tilde{f}_1^n(z)=\tilde{f}_2^n(z)+2k_n\pi i. \qquad (*)$$

因为 $\tilde{f}_1$ 和 $\tilde{f}_2$ 是整函数,又由(*)式,则对 $\mathbb{C}$ 中开集 U, 在球面度量下,如果 $\{\tilde{f}_1^n\}$ 在U的任意紧子集A上同等连续,那么$\{\tilde{f}_2^n\}$也在A上同等连续;反之亦然. 所以,对 f 的不同提升,它们的 Julia 集和 Fatou 集相同. 我们可取 f 的任意一个提升 $\tilde{f}$ 来进行研究.

因为 f 具有形式

$$f(z)=z^n e^{g(z)+h\left(\frac{1}{z}\right)},$$

其中 $n\in\mathbf{Z}, g(z)$ 和 $h(z)$ 是非常数的整函数,则 $\tilde{f}$ 就有形式

$$\tilde{f}(z)=nz+g(e^z)+h(e^{-z}).$$

引理 2.1 若 z_0 是 $\tilde{f}$ 的一个吸(超吸、中、斥)性周期点，则 $\pi(z_0)$ 是 f 的吸(超吸、中、斥)性周期点.

证明 设 z_0 是 $\tilde{f}$ 的 n 周期点,即 $\tilde{f}^n(z_0)=z_0$，则

$$f^n\circ\pi(z_0)=\pi\circ\tilde{f}^n(z_0)=\pi(z_0),$$

即 $\pi(z_0)$ 是 f 的周期点,又因为 $\pi\circ\tilde{f}^n=f^n\circ\pi$,所以

$$\pi'(\tilde{f}^n)\cdot(\tilde{f}^n)'=(f^n)'(\pi)\cdot\pi',$$

在 z_0 点为

$$\pi'(\tilde{f}^n(z_0))\cdot(\tilde{f}^n)'(z_0)=(f^n)'(\pi(z_0))\cdot\pi'(z_0),$$

故 $(\tilde{f}^n)'(z_0)=(f^n)'(\pi(z_0))$.

不妨设 $\pi(z_0)$ 是 f 的 k 周期点,则 $k\leqslant n$，且 $k=c\cdot n, c\geqslant 1$，那么

$$(f^n)'(\pi(z_0))=[(f^k)'(\pi(z_0))]^c=(\tilde{f}^n)'(z_0).$$

因此,若 z_0 是 $\tilde{f}$ 的吸(超吸、中、斥)性周期点，则 $\pi(z_0)$ 是 f 的吸(超吸、中、斥)性周期点. 证毕.

定义 2.1. 设 $J_1(f)$ 为 f 的斥性周期点集的闭包,即

$J_1(f)=\text{Closure}\{z\in\mathbb{C}^*: z$ 是 f 的斥性周期点$\}$. $F_1(f)=\mathbb{C}^*-J_1(f)$.

引理 2.2 $\pi(J(\tilde{f}))=J_1(f)$.

证明 因为 $J(\tilde{f})\neq\varnothing$，并且

$J(\tilde{f})=\text{Closure}\{z\in\mathbb{C}: z$ 是 $\tilde{f}$ 的斥性周期点$\}$,由引理 2.1，所以

$$\pi(\{z\in\mathbb{C}: z \text{ 为 } \tilde{f} \text{ 的斥性周期点}\})$$
$$\subset\{z\in\mathbb{C}^*: z \text{ 为 } f \text{ 的斥性周期点}\}.$$

又因为 π 的连续性,则

$$\text{Closure}\{\pi(\{z\in\mathbb{C}: z \text{ 为 } \tilde{f} \text{ 的斥性周期点}\})\}$$
$$=\pi(J(\tilde{f}))\subset J_1(f).$$

下面证明 $J_1(f)\subset\pi(J(\tilde{f}))$.

因为 $J(\tilde{f})\neq\varnothing$，所以 $J_1(f)\neq\varnothing$，故存在 f 的斥性周期点. 设 z_0 是 f 的任意一个斥性周期点，即存在 n，$f^n(z_0)=z_0$，$\lambda_{z_0}=(f^n)'(z_0)$，$|\lambda_{z_0}|>1$，那么对任意的 $\tilde{z}_0\in\pi^{-1}(z_0)$，如果

$\tilde{f}^n(\tilde{z}_0)=\tilde{z}_0$，则 $\tilde{z}_0\in J(\tilde{f})$；如果 $\tilde{f}^n(\tilde{z}_0)\neq\tilde{z}_0$，则存在整数 k，使得 $\tilde{f}^n(\tilde{z}_0)=\tilde{z}_0+2k\pi i$，设 $\tilde{f}_1(z)=\tilde{f}^n(z)-2k\pi i$，则

$$\tilde{f}_1(\tilde{z}_0)=\tilde{z}_0,$$

$$\tilde{f}_1'(\tilde{z}_0)=(\tilde{f}^n)'(z_0),$$

故 $\tilde{z}_0$ 是 $\tilde{f}_1$ 的斥性不动点，$\tilde{z}_0\in J(\tilde{f}_1)=J(\tilde{f})$，所以 $\pi^{-1}(z_0)\subset J(\tilde{f})$，又因为 z_0 的任意性，则

$$J_1(f)\subset\pi(J(\tilde{f})).$$

证毕.

引理 2.3 $\pi^{-1}(J_1(f))=J(\tilde{f})$.

证明 任取 $\tilde{f}$ 的一个斥性周期点 p，则存在 n，$\tilde{f}^n(p)=p$，$\lambda_p=(\tilde{f}^n)'(p)$，$|\lambda_p|>1$，$\pi(p)=q\in J_1(f)$. 那么

$$\{p\in\mathbb{C}:p\ \text{是}\ \tilde{f}\ \text{的斥性周期点}\}\subset\pi^{-1}(J_1(f)).$$

由 π^{-1} 的连续性，则

$$J(\tilde{f})\subset\pi^{-1}(J_1(f)).$$

任取 f 的一个斥性周期点 q，则存在 n，$f^n(q)=q$，$|\lambda_q|>1$. 对任意的 $p\in\pi^{-1}(q)$，类似于引理 2.2 的证明，$p\in J(\tilde{f})$. 由 p 的任意性，

$$\pi^{-1}(q)\subset J(\tilde{f}).$$

再由 q 的任意性

$$\pi^{-1}(\{q\in\mathbb{C}^*:q\ \text{为}\ f\ \text{的斥性周期点}\})\subset J(\tilde{f}),$$

进而

$$\pi^{-1}(J_1(f))\subset J(\tilde{f}).$$

综上所述，$\pi^{-1}(J_1(f))=J(\tilde{f})$.

引理 2.4 $F_1(f)=F(f)=\{z\in\mathbb{C}^*:\{f^n\}\ \text{在}\ z\ \text{正规}\}$. $J_1(f)=J(f)=\{z\in\mathbb{C}^*:\{f^n\}\ \text{在}\ z\ \text{不正规}\}$.

证明 据引理 2.2，可得 $\pi(F(\tilde{f}))=F_1(f)$. 任取 $z_0\in F(\tilde{f})$，$\pi(z_0)\in F_1(f)$，则存在 z_0 的邻域 U，$\{\tilde{f}^n\}$ 在 U 正规，那么 $\{\pi\circ\tilde{f}^n\}$ 也在 U 正规. 由 $\pi\circ\tilde{f}^n=f^n\circ\pi$，所以 $\{f^n\}$ 在 $\pi(U)$ 正规，$\pi(z_0)$ 是 $\{f^n\}$ 的正规点.

由于 z_0 的任意性，则

$$\pi(F(\tilde{f})) = F_1(f) \subset \{z \in \mathbb{C}^* : \{f^n\} \text{ 在 } z \text{ 正规}\} = F(f).$$

下面证明 $F(f) \subset F_1(f)$，即等价于证明 $J_1(f) \subset J(f) = \{z \in \mathbb{C}^* : \{f^n\}$ 在 z 不正规$\}$.

任取 f 的斥性周期点 p，则存在 k，$f^k(p) = p$，$\lambda = (f^k)'(p)$，$|\lambda| > 1$. 假若 $\{f^n\}$ 在 p 正规，那么就存在 p 的邻域 U，$\{f^n\}$ 在 U 正规.

$\{f^{ik}\}$ 是 $\{f^n\}$ 的一个子列，则存在子列，不妨仍记为 $\{f^{ik}\}$，在 U 内闭一致收敛于 φ. 因为 $f^{ik}(p) = p$，故 $\varphi \neq \infty$，则有

$$(f^{ik})'(z) \to \varphi'(z) \neq \infty, \quad i \to +\infty.$$

然而

$$(f^{ik})'(p) = [(f^k)'(p)]^i = \lambda^i,$$

所以当 $i \to +\infty$ 时，$|\lambda^i| \to |\varphi'(p)| \neq \infty$，而 $|\lambda| > 1$，故 $|\lambda^i| \to +\infty$，与之矛盾. 假设不成立，$\{f^n\}$ 在 p 不正规，$p \in J(f)$. 由 p 的任意性，

$$\{p \in \mathbb{C}^* : p \text{ 是 } f \text{ 的斥性周期点}\} \subset J(f).$$

进而得到 $J_1(f) \subset J(f)$.

总之 $F(f) = F_1(f)$，$J(f) = J_1(f)$.

证毕.

由引理 2.1，2.2 和 2.3，$\mathbb{C}^*$ 上复动力系统与有理函数和整函数的动力系统有下列类似的性质.

命题 2.1 $J(f) = \text{Closure}\{z \in \mathbb{C}^* : z$ 是 f 的斥性周期点$\}$，并且 $J(f) \neq \varnothing$.

命题 2.2 $J(f)$ 和 $F(f)$ 都是完全不变集，即

$$f(F(f)) = F(f) = f^{-1}(F(f)),$$

$$f(J(f)) = J(f) = f^{-1}(J(f)).$$

命题 2.3 $J(f)$ 是完全集，即 $J(f)' = J(f)$.

命题 2.4 $J(f^n) = J(f)$，对任意 $n \geq 1$ 整数都成立.

证明 任取 f 的一个提升 $\tilde{f}$，已知 $J(\tilde{f}^n) = J(\tilde{f})$，对任意 $n \geq 1$ 整数都成立. 因为 $\pi \circ \tilde{f} = f \circ \pi$，并且 $\pi(J(\tilde{f})) = \pi(J(\tilde{f}^n))$，所以，据引理 2.2，2.3 和 2.4，

$$J(f)=\pi(J(\tilde{f}))=\pi(J(\tilde{f}^n))=J(f^n),$$

对任意 $n\geqslant 1$ 整数都成立. 证毕.

命题2.5 任意 $b\in\mathbf{C}^*$, $J(f)\subset\left\{\bigcup_{n=0}^{\infty}f^{-n}(b)\right\}'$, 特别地, 任给 $b\in J(f)$,则 $J(f)=\text{Closure}\left\{\bigcup_{n=0}^{\infty}f^{-n}(b)\right\}$.

证明 $\forall z_0\in J(f)$, U 是 z_0 的任意一个邻域, 那么 $\{f^n\}$ 在 U 不正规,由 Montel 基本定理,

$$\bigcup_{n=0}^{\infty}f^n(U)=\mathbf{C}^*.$$

对任意的 $b\in\mathbf{C}^*$, 我们就有

$$\left\{\bigcup_{n=0}^{\infty}f^{-n}(b)\right\}\subset\bigcup_{n=0}^{\infty}f^n(U).$$

故存在 $z_1\in U$, 及整数 m 和 k, 使得 $f^k(z_1)\in f^{-m}(b)$, 那么

$$z_1\in f^{-k-m}(b)\subset\left\{\bigcup_{n=0}^{\infty}f^{-n}(b)\right\}.$$

因此, $z_0\in\left\{\bigcup_{n=0}^{\infty}f^{-n}(b)\right\}'$, 即 $J(f)\subset\left\{\bigcup_{n=0}^{\infty}f^{-n}(b)\right\}'$.

$\forall b\in J(f)$, 由 $J(f)$ 的完全不变性和 $J(f)$ 是完全集,则

$$\left\{\bigcup_{n=0}^{\infty}f^{-n}(b)\right\}\subset\text{Closure}\left\{\bigcup_{n=0}^{\infty}f^{-n}(b)\right\}\subset J(f),$$

进一步,

$$J(f)\subset\text{Closure}\left\{\bigcup_{n=0}^{\infty}f^{-n}(b)\right\}\subset J(f),$$

即

$$J(f)=\text{Closure}\left\{\bigcup_{n=0}^{\infty}f^{-n}(b)\right\}.$$

证毕.

命题2.6 $J(f)$ 不能包含一个完全不变的真闭子集.

证明 假设存在 J_0 是 $J(f)$ 中的完全不变真闭子集,即 $J_0\subset$

$J(f)$，且 $J_0 \neq J(f)$，$f(J_0) = J_0 = f^{-1}(J_0)$。

$\forall z_0 \in J_0$，由命题 2.5，

$$J(f) = \mathrm{Closure}\left\{\bigcup_{n=0}^{\infty} f^{-n}(z_0)\right\}.$$

因为 J_0 是完全不变的，所以 $J(f) \subset J_0$，与 $J_0 \subset J(f)$，且 $J_0 \neq J(f)$ 矛盾,假设不成立，J_0 不存在. 证毕.

命题 2.7 设 $z_0 \in J(f)$，D 是 z_0 的一个邻域，则对任意有界闭集 $A \subset \mathbb{C}^*$，都存在 N，使得当 $n \geqslant N$ 时，$A \subset f^n(D)$.

命题 2.8 如果 $\mathrm{Int}(J(f)) \neq \varnothing$，则 $J(f) = \mathbb{C}^*$.

Fatou 集和 Julia 将 $\mathbb{C}^*$ 按照 $\{f^n\}$ 的性质分成两部分. $F(f)$ 是完全不变的开集,由可数多个连通分支构成.

定义 2.2 $F(f)$ 由连通分支构成，称这些连通分支为 f 的稳定域. 对 f 的一个稳定域 D，如果存在 $n \geqslant 1$，使得 $f^n(D) = D$，称 D 为周期稳定域；当 $n = 1$ 时，D 称为不变域. 如果存在 $m \geqslant 0$，使 $f^m(D)$ 是周期稳定域，则称 D 是最终周期的. 显然，周期稳定域一定是最终周期的；若 $m \geqslant 1$，称 D 是预周期的. 如果 $f^n(D) \cap f^m(D) = \varnothing$，$\forall n, m, n \neq m$，则称 D 是游荡域.

容易得出，若 D 是稳定域，则 $\partial D \subset J(f)$，而且与整函数一样，$f(D) = D_1$ 仍是 $F(f)$ 中的一个连通分支.

整函数和有理函数的稳定域可能是单连通的，也可能是多连通的. Baker 在文章 [B_4] 和 [B_5]. 中证明了存在一些整函数,它们甚至有无穷多连通的稳定域. 下面定理说明，对任意一个全纯函数 $f: \mathbb{C}^* \to \mathbb{C}^*, F(f)$ 中不会有无穷多连通的稳定域.

定理 2.1 设 $f: \mathbb{C}^* \to \mathbb{C}^*$ 全纯函数，0 和∞是本性奇点，则 $F(f)$ 中只有单连通和二连通稳定域，二连通稳定域最多只有一个,且 0 和∞在不同的余集分支中.

证明 设 U 是 $F(f)$ 的一个稳定域,是 n 连通的，$c_1 u, \cdots, c_n u$ 是 u 的余集分支. 若存在 $c_i u$，使得 $0, \infty \bar{\in} c_i u$,取 $\gamma \subset u$ 是简单闭曲线,分离 $c_i u$ 与其它余集分支，γ 所围的包含 $c_i u$的区域记为 $V, V \cap J(f) \neq \varnothing$. 对 $\{f^n\}$ 的任意子列,都存在子序列,不妨记为

$\{f^{n_k}\}$，$\{f^{n_k}\}$ 在 u 内闭一致收敛于 g. g 是 $C^* \to C^*$ 全纯函数，或者 $g=0$，或者 $g=\infty$. 如果 $g \neq \infty$，则存在 M，

$$|f^{n_k}|_\gamma| \leqslant M;$$

如果 $g=\infty$，因为 $f^n \neq 0,\infty$，所以存在 $\widetilde{M}$，

$$\left|\frac{1}{f^{n_k}}\right|_\gamma| \leqslant \widetilde{M}.$$

由于 V 中没有奇点，据最大模原理，

$$|f^{n_k}|V| \leqslant M \text{或} \left|\frac{1}{f^{n_k}}\right|V| \leqslant \widetilde{M},$$

即得 $\{f^{n_k}\}$ 在 V 内正规，从而 $\{f^n\}$ 在 V 正规，与 V 内存在 $J(f)$ 中点矛盾. 假若 $n \geqslant 3$，必存在 $c_i u$，使 $0,\infty \in c_i u$，所以 u 只能是单连通和二连通的，并且对二连通的 u，0 和∞在不同的余集分支中.

下面证明 f 最多存在一个二连通稳定域.

假设存在两个二连通域 U_1 和 U_2，取 γ_1 和 γ_2 分别为 u_1、u_2 中分离 0、∞的简单闭曲线，γ_1 和 γ_2 所围域记为 V，$V \cap J(f) \neq \emptyset$.

对 $\{f^n\}$ 的任意子列，必存在子序列，不妨记为 $\{f^{n_k}\}$，在 u_1 内闭一致收敛于 g_1，即

$$f^{n_k} \xrightarrow[1]{U_{1内}} g_1.$$

$\{f^{n_k}\}$ 仍是 $\{f^n\}$ 的子列，所以存在子序列在 U_2 内闭一致收敛于 g_2，不妨仍记为 $\{f^{n_k}\}$，即

$$f^{n_k} \xrightarrow[1]{U_{2内}} g_2.$$

对 g_1 和 g_2 有下列情况：

(A) $g_1(z) \equiv 0, g_2(z) \equiv \infty$，或 $g_1(t) \equiv \infty, g_2(z) \equiv 0$，

(B) 其它情况.

首先，我们讨论 (B) 情况，此时

$$g_1 \neq 0, \infty \text{ 或}$$

$$g_1 = 0, \ g_2 \neq \infty, \text{ 或}$$

$$g_1 = \infty, \quad g_2 \neq 0.$$

类似上面证明过程，据最大模原理，可得 $\{f^{n_k}\}$ 在V正规，从而 $\{f^n\}$ 在V正规，与 $V \cap J(f) \neq \varnothing$ 矛盾，因此(B)情况不存在，只有情况(A)。

下面讨论(A)。不妨只讨论 $g_1 = 0, g_2 = \infty$ 情况。

对 $\{f^{n_k}\}$，

$$f^{n_k} \xrightarrow[1]{u_{1内}} 0, \qquad f^{n_k} \xrightarrow[1]{u_{2内}} \infty.$$

$\{f^{n_k+1}\}$ 仍是 $\{f^n\}$ 的子列，所以存在子序列，不妨仍记为 $\{f^{n_k+1}\}$，在 u_1 内闭一致收敛于 g_1'。因此，存在M，当 $g_1' \neq \infty$ 对，$|f^{n_k+1}|\gamma_1| \leqslant M$；当 $g_1' = \infty$ 时，

$$\left|\frac{1}{f^{n_k+1}}\right|\gamma_1\Big| \leqslant M.$$

因为 γ_1、γ_2 所围域V中不含0和∞，且对任意的 n，$\partial f^n(V) \subset f^n(\gamma_1) \cup f^n(\gamma_2)$ 所以 $0, \infty \in f^{n_k}(V)$，对任意的 n_k 都成立，即 $f^{n_k}(\gamma_1)$ 和 $f^{n_k}(\gamma_2)$ 对 $0, \infty$ 的环绕数不等于零。我们可取 $\gamma_{n_k} \subset f^{n_k}(\gamma_1)$ 为一条分离 $0, \infty$ 的简单闭曲线。取定 n_{k_0} 充分大，$\gamma_{n_{k_0}}$ 和 γ_{n_k} 所围域记为 V_{n_k}，其中 $n_k \geqslant n_{k_0}$，$k \geqslant k_0$。因为

$$f^{n_k} \xrightarrow[1]{u_{1内}} 0, \qquad f^{n_k} \xrightarrow[1]{\gamma_1} 0,$$

所以 $\bigcup\limits_{n_k > n_{k_0}} (V_{n_k} \cup \gamma_{n_k})$ 是0的邻域，又由于

$$f(\gamma_{n_k}) \subset f^{n_k+1}(\gamma_1),$$

并且

$$|f^{n_k+1}|\gamma_1| \leqslant M,$$

或者

$$\left|\frac{1}{f^{n_k+1}}\right|\gamma_1| \leqslant M,$$

则

$$|f|\gamma_{n_k}| \leqslant M, \text{ 或 } \left|\frac{1}{f}\right|\gamma_{n_k}| \leqslant M, \quad \forall n_k \geqslant n_{k_0}.$$

因为 f 在 V_{n_k} 解析，据最大模原理，

$$|f|V_{n_k}| \leqslant M，\text{或} \left|\frac{1}{f}\right|V_{n_k}| \leqslant M，$$

从而

$$|f|\bigcup_{n_k > n_{k_0}} (V_{n_k} \cup \gamma_{n_k})| \leqslant M，$$

或

$$\left|\frac{1}{f}\right|\bigcup_{n_k > n_{k_0}} (V_{n_k} \cup \gamma_{n_k})| \leqslant M，$$

即 f 在 0 的邻域内有界，或 $\frac{1}{f}$ 在 0 的邻域内有界，这与 0 和 ∞ 是本性奇点矛盾，所以情况(A)也不存在。因此，假设不成立，最多只存在一个二连通域。证毕。

定义 2.3 设 $\beta \in \mathbf{C}^*$，如果存在 $\alpha \in \mathbf{C}^*$，$f(\alpha) = \beta$，且 $f'(\alpha) = 0$，称 β 为 f 的临界值。如果存在道路 $\gamma: [0,1) \to \mathbf{C}^*$，$\lim\limits_{t \to 1} \gamma(t) = 0$ 或 ∞，且 $\lim\limits_{t \to 1} f(\gamma(t)) = \beta$，称 β 为渐近值。它们统称为 f 的奇点。

定义 2.4 记

$S = \{f: \mathbf{C}^* \to \mathbf{C}^*$ 全纯函数 $|$ 0和∞是本性奇点，f 只有有限个渐近值和临界值$\}$.

S 中的元素 f 称为是有限型的或称 f 是 S 类的。

设 D 是全纯函数 $f: \mathbf{C}^* \to \mathbf{C}^*$ 的一个稳定域，则 D 要么是最终周期的，要么是游荡的。Sullivan 证明了有理函数的稳定域都是最终周期的。只有有限个渐近值和临界值的整函数的稳定域也都是最终周期的，但也存在整函数，它的 Faton 集中有游荡域。$\mathbf{C}^*$ 上复动力系统与整函数的情况类似。

定理 2.2 若 $f \in S$，则 $F(f)$ 没有游荡域。

证明 f 只有有限个奇点，设为 $\beta_1, \cdots, \beta_q$。

假设 $F(f)$ 中存在游荡域 u_0。

不妨设对任意的 n，$u_n = f^n(u_0)$ 中没有临界值和渐近值，即

$\beta_1, \cdots, \beta_q$ 不在 u_n 中，并且 u_n 都是单连通的. 取小圆盘 $\Delta_0 \subset u_0$，测得

$$O^+(\Delta_0) = \{\Delta_n : \Delta_n = f^n(\Delta_0), n = 1, 2, \cdots\},$$

$$O(\Delta_0) = \{\Delta_{n,m} : f^m(\Delta_{n,m}) = \Delta_n, \Delta_{n,0} = \Delta_n, n, m = 0, 1, 2, \cdots\}.$$

下面定义 $\varphi_t : W_0 \times \Delta_0 \to \Delta_0$ 拟共形映射,其中

$$W_0 = \{(t_1, \cdots, t_m) \in \mathbb{R}^m : |t_j| < \delta, \forall j = 1, \cdots, m\},$$

m和 δ 待定. 取 $\alpha_j \in [0, 2\pi], 0 < \alpha_1 < \cdots < \alpha_m < 2\pi$，使 $[\alpha_j - \delta, \alpha_j + \delta]$ 互不相交，令

$$\psi_j(\theta) = \begin{cases} \exp\left[\dfrac{\delta}{(\theta - d_j)^2 - \delta^2}\right], & |\theta - \alpha_j| \leqslant \delta, \\ 0, & |\theta - \alpha_j| > \delta, \end{cases}$$

则存在 M，使得 $|\psi_j(\theta)| \leqslant M$，$|\psi_j'(\theta)| \leqslant M\delta$. 令

$$\psi(t, \theta) = \theta + \sum_{j=1}^{m} t_j \psi_j(\theta),$$

$$\varphi(t, z) = \varphi_t(z) = re^{i\psi(t,\theta)}, \forall z = re^{i\theta} \in \Delta_0.$$

因此,存在弧 $\mathrm{arc}(a, b) \subset \partial\Delta_0, \varphi_t|_{\mathrm{arc}(a,b)} = Id$，并且对任意 $t \neq S$，$\varphi_t|_{\partial\Delta_0} \not\equiv \varphi_s|_{\partial\Delta_0}$.

令

$$\begin{aligned} \mu_0(t, z) &= \frac{\partial \bar{z} \varphi_t}{\partial_z \varphi_t} = e^{2i\theta} \cdot \frac{r \cdot \partial_r \varphi_t + i\partial_\theta \varphi_t}{r \cdot \partial_r \varphi_t - i\partial_\theta \varphi_t} \\ &= e^{2i\theta} \cdot \frac{r \cdot e^{i\psi(t,\theta)} + i \cdot r \cdot i \cdot e^{i\psi(t,\theta)} \cdot \psi_\theta'}{r \cdot e^{i\psi(t,\theta)} - i \cdot r \cdot i \cdot e^{i\psi(t,\theta)} \cdot \psi_\theta'} \\ &= e^{2i\theta} \frac{1 - \psi_\theta'}{1 + \psi_\theta'} \\ &= e^{2i\theta} \cdot \frac{-\sum\limits_{j=1}^{m} t_j \psi_j'(\theta)}{2 + \sum\limits_{j=1}^{m} t_j \psi_j'(\theta)}. \end{aligned}$$

然而 $\psi_\theta' = 1 + \sum\limits_{j=1}^{m} t_j \psi_j'(\theta)$，$1 - mM\delta \leqslant |\psi_\theta'| \leqslant 1 + mM\delta$. 取

定m和 δ，使得 $m > 2q + 2, 1 - mM\delta > 0$，那么

$$\|\mu_0(t,z)\|_\infty \leqslant \frac{mM\delta}{2 - mM\delta} \leqslant k < 1.$$

由归纳法，可在 Δ_{n+1} 上定义

$$\mu_{n+1}(t,z) = \mu_n(t, f^{-1}(z)) \cdot \frac{\overline{(f^{-1})'(z)}}{(f^{-1})'(z)},$$

$n = 0, 1, 2, \cdots$ 又因为 $f: u_n \to u_{n+1}$ 是一一映射，则可在 $\Delta_{n,m}$ 上定义

$$\mu_{n,m}(t,z) = \mu_{n,m-1}(t, f(z)) \cdot \frac{\overline{f'(z)}}{f'(z)},$$

其中 $n = 0, 1, 2, \cdots, m = 1, 2, \cdots$，从而得到

$$\mu(t,z) = \begin{cases} \mu_{n,m}(t,z), & z \in \Delta_{n,m}, n, m = 0, 1, 2, \cdots, \\ 0, & z \in \overline{\mathbb{C}} \setminus O(\Delta_0). \end{cases}$$

$\mu(t,z)$ 满足第二章 §4 中带参数的可测 Riemann 映照定理的条件，并且

$$\mu(t,z) = \mu(t, f(z)) \cdot \frac{\overline{f'(z)}}{f'(z)}, \quad \forall z \in \mathbb{C}^*,$$

则存在 $\Phi(t,z) = \Phi_t(z): W_0 \times \overline{\mathbb{C}} \to \overline{\mathbb{C}}$ 拟共形映射，保持 $0, B, \infty$不动，$B \in \mathbb{C}^* - V$，其中 $V = \{\beta_1, \cdots, \beta_q\}$.

设 $f_t = \Phi_t \circ f \circ \Phi_t^{-1}$，$f_t$ 是 $\mathbb{C}^* \to \mathbb{C}^*$ 全纯函数，以 0 和∞ 为本性奇点，奇点集为

$$\{\Phi_t(\beta_1), \cdots, \Phi_t(\beta_q)\}.$$

设 $A \in \mathbb{C}^*, f(A) = B$，由于 $m > 2q + 2$，则存在 s 及过 s 的曲线 γ，使得

$$\Phi(t, A) = \Phi(s, A),$$
$$\Phi(t, \beta_j) = \Phi(s, \beta_j), j = 1, 2, \cdots, q,$$

对任意的 $t \in \gamma$ 都成立。

下面的证明，需要以下两个引理。

引理 2.5 设 $\varphi_t(z) = \varphi(t,z): \gamma \times \overline{\mathbb{C}}^- \to \overline{\mathbb{C}}$ 是一族拟共形映射，$V = \{\beta_1, \cdots, \beta_q\}$ 是 $\mathbb{C}^*$ 上全纯函数 f 的奇点集。设 $\varphi_t(z)$

在 $\gamma\times\overline{\mathbb{C}}$ 上连续，保持 0，B ∞ 不动，$B\in\mathbf{C}^*-V$，又对任意的 $t\in\gamma$，$\varphi_t\circ f\circ\phi_t^{-1}:\mathbf{C}^*\to\mathbf{C}^*$ 是全纯函数，并给定 $A\in\mathbf{C}^*-f^{-1}V$，使 $f(A)=B$，且

$$\varphi_t(\beta_j)=\varphi_s(\beta_j),\ j=1,\cdots,q,\ \forall t\in\gamma,$$

$$\varphi_t(A)=\varphi_s(A),\ \forall t\in\gamma,$$

则 $\forall t\in\gamma$，有

$$\varphi_t\circ f\circ\varphi_t^{-1}=\varphi_s\circ f\circ\varphi_s^{-1},$$

即

$$(\phi_s^{-1}\circ\varphi_t)\circ f\circ(\varphi_s^{-1}\circ\varphi_t)^{-1}=f.$$

证明与第二章 §4 引理 4.2 类似.

引理 2.6 设 $\varphi_t:\gamma\times\overline{\mathbb{C}}\to\overline{\mathbb{C}}$ 满足引理 2.5 条件，则 $\forall t\in\gamma$，

$$\varphi_s^{-1}\circ\varphi_t|_{J(f)}=Id.$$

证明过程与第二章 §4 引理 4.3 类似.

由引理 2.5 和 2.6，可得到

$$(\Phi_s^{-1}\circ\Phi_t)\circ f\circ(\Phi_s^{-1}\circ\Phi_t)=f,$$

$$\Phi_s^{-1}\circ\Phi_t|_{J(f)}=Id.$$

因此

$$\Phi_s^{-1}\circ\Phi_t|_{\partial U_0}=Id,\ \Phi_s^{-1}\circ\Phi_t:U_0\to U_0.$$

对所有 z 靠近 ∂U_0，$\Phi_s^{-1}\circ\Phi_t$ 全纯，由 Fatou 边值定理，对这样的 z，$\Phi_s^{-1}\circ\Phi_t(z)=z$.

下面我们估计这样的 z 的范围.

(1) $\partial_{\bar z}(\Phi_s^{-1}\circ\Phi_t)=\partial_\zeta\Phi_s^{-1}\cdot\partial_{\bar z}\Phi_t+\partial_{\bar\zeta}\Phi_s^{-1}\cdot\partial_{\bar z}\bar\Phi_t,\zeta=\Phi_t(z)$,

(2) $\Phi_s\circ\Phi_s^{-1}(\zeta)=\zeta$,

(3) $\partial_\eta\Phi_s\cdot\partial_{\bar\zeta}\Phi_s^{-1}+\partial_{\bar\eta}\Phi_s\cdot\partial_{\bar\zeta}\bar\Phi_s^{-1}=0,\eta=\Phi_s^{-1}(\zeta)$.

因为

$$\partial_{\bar z}\Phi_t=0\ \text{当且仅当}\ z\in U_0-\Delta_0,\ \forall t\in\gamma,$$

所以由(2)和(3)，得到

$$\partial_{\bar\zeta}\Phi_s^{-1}=0\Longleftrightarrow\partial_{\bar\eta}\Phi_s=0$$

$$\Longleftrightarrow\eta\in u_0-\Delta_0,\quad\text{而}\ \eta=\Phi_s^{-1}(\zeta)=\Phi_s^{-1}\circ\Phi_t(z).$$

又由(1)，

$$\partial_{\bar{z}}(\Phi_s^{-1}\circ\Phi_t)=0 \Longleftrightarrow \partial_{\bar{z}}\Phi_t=0, \partial_{\bar{\zeta}}\Phi_s^{-1}=0$$
$$\Longleftrightarrow z\in(U_0-\Delta_0)\cap(U_0-\Phi_s^{-1}\circ\Phi_t(\Delta_0))$$
$$\Longleftrightarrow z\in U_0-[\Delta_0\cup\Phi_s^{-1}\circ\Phi_t(\Delta_0)].$$

假若存在一段弧线 $\Gamma\subset\partial\Phi_s^{-1}\circ\Phi_\zeta(\Delta_0)-\bar{\Delta}_0$.

$\forall\zeta\in\Gamma$，因为 $\partial_{\bar{z}}(\Phi_s^{-1}\circ\Phi_t)|_\Gamma=0$，由 Fatou 边值定理，$\Phi_s^{-1}\circ\Phi_t(\zeta)=\zeta$，

那么存在 $z_0\in\Delta_0$，$\zeta=\Phi_s^{-1}\circ\Phi_t(z_0)$，从而

$$\Phi_s^{-1}\circ\Phi_t\circ(\Phi_s^{-1}\circ\Phi_t(z_0))=z_0=\Phi_s^{-1}\circ\Phi_t(z_0)=\zeta,$$

即 $\zeta=z_0\in\Delta_0$，与 $\zeta\bar{\in}\bar{\Delta}_0$ 矛盾，故假设不成立，Γ 存在，即 $\Delta_0\cup\Phi_s^{-1}\circ\Phi_t(\Delta_0)=\Delta_0$. 因此

$$\Phi_s^{-1}\circ\Phi_t|_{U_0-\Delta_0}=Id, \quad \Phi_s^{-1}\circ\Phi_t|_{\partial\Delta_0}=Id.$$

因为 φ_t 和 Φ_t 在 Δ_0 上的复伸缩商相同，所以 $\Phi_t\circ\varphi_t^{-1}$ 和 $\varphi_t\circ\Phi_t^{-1}$ 是全纯函数，即 $\varphi_s\circ\Phi_s^{-1}\circ\Phi_t\circ\varphi_t^{-1}$ 在 Δ_0 上共形，又由于

$$\varphi_t|_{\mathrm{arc}(a,b)}=Id, \ \forall t\in\gamma, \ \mathrm{arc}(a,b)\subset\partial\Delta_0,$$

则

$$\varphi_s\circ\varphi_t^{-1}|_{\mathrm{arc}(a,b)}=Id,$$

并且

$$\varphi_s\circ\Phi_s^{-1}\circ\Phi_t\circ\varphi_t^{-1}|_{\mathrm{arc}(a,b)}=Id,$$

则我们就得到

$$\varphi_s\circ\Phi_s^{-1}\circ\Phi_t\circ\varphi_t^{-1}|_{\bar{\Delta}_0}=Id,$$
$$\varphi_s^{-1}\circ\varphi_t|_{\partial\Delta_0}=\Phi_s^{-1}\circ\Phi_t|_{\partial\Delta_0}=Id, \forall t\in\gamma.$$

这与 φ_t 作法所得到的结果 $\varphi_t|_{\partial\Delta_0}\neq\varphi_s|_{\partial\Delta_0}$，$\forall t\neq s$ 产生了矛盾，因而最初的假设不成立，即游荡域 U_0 不存在，$F(f)$ 中的稳定域都是最终周期的. 证毕.

定理 2.3 设 D 是 f 的一个不变域，则它是下列情况之一：

(1) D 是吸(超吸)性的，即 D 中存在一个吸(超吸)性不动点 z_0，并且 $\forall z\in D$，$f^n(z)\to z_0, n\to\infty$.

(2) D 是抛物的，即 D 的边界上存在一个有理中性不动点 z_0，且 $\forall z\in D$，$f^n(z)\to z_0$，$n\to\infty$.

(3) D 是 Siegel 盘，D 是单连通的，f 在 D 上全纯共轭于无

理旋转映射，即存在 h 是 D 到单位圆盘 Δ 的全纯映射，及存在无理数 α，使下图交换：

$$\begin{array}{ccc} D & \xrightarrow{f} & D \\ {\scriptstyle h}\downarrow & & \downarrow{\scriptstyle h} \\ \Delta & \longrightarrow & \Delta \\ z & \longmapsto & e^{i\alpha}z \end{array}.$$

(4) D 是 Herman 环；D 是二连通的，f 全纯共轭于无理旋转.

(5) D 是本性抛物的，D 的边界上有一个本性奇点，且 D 中任意一点在 f 的迭代作用下收敛到该点.

证明与整函数和有理函数的 Sullivan 分类定理证明过程类似，参见本书第三章.

如果 D 是 f 的 p 周期稳定域，则 D 是 f^p 的不变域，因此同样有如上分类.

§3. 亚纯函数动力系统

设 $f:\mathbf{C}\to\overline{\mathbf{C}}$ 是一个超越亚纯函数. 在本节中，我们设 f 满足假定 A，即 f 是至少有一个极点的超越亚纯函数；如果 f 只有一个极点，那么它不具有形式

$$\alpha+(z-\alpha)^{-k}e^{g(z)},$$

其中 $k\in\mathbf{N}$，$g(z)$ 是非常数的整函数. f^n 为 f 的第 n 次迭代. 如果遇到 f 的极点，迭代就会停止. 设 A 为 f 的极点集，B 为 ∞ 的所有原象点集，则

$$B=\bigcup_{n=0}^{\infty}f^{-n}(A).$$

若 f 满足假定 A，则 B 是无穷点集.

f 的 Fatou 集或稳定集

$$F(f)=\{z\in\mathbf{C}:\{f^n\}\text{ 在 }z\text{ 正规}\},$$

f 的 Julia 集

$$J(f) = \mathbb{C} - F(f).$$

$F(f)$ 是开集，$J(f)$ 是闭集．显然 $\bar{B} \subset J(f)$，故 $J(f) \neq \emptyset$．

定理 3.1 $z \in F(f)$ 的充要条件是 $f(z) \in F(f)$，即 $F(f)$ 是完全不变的开集．$z \in J(f)$ 的充要条件是 $f(z) \in J(f) \cup \{\infty\}$．

证明可直接由上述定义推得．

定义 3.1 称

$E(f) = \{z \in \overline{\mathbb{C}} \mid O^-(z) = \{f^{-n}(z): n \in \mathbb{N}\}$是有限点集$\}$为 f 的例外值集．

$E(f)$ 中最多包含两个点，并且由于 f 满足假定 A，则 $\infty \bar{\in} E(f)$．

引理 3.1 对任意的 $q \in J(f)$ 和任意的 $p \bar{\in} E(f)$，则 q 是 $O^-(p)$ 的一个聚点．

证明 设 $q \in J(f)$，$p \bar{\in} E(f)$．取 $O^-(p)$ 中三个互不相同的值 r，s 和 t，使得它们都不同于 p 且又都不是 f 的周期点． 那么可出现下列两种情况:

(1) 存在 q 的一个邻域 U，使得对任意的 $n \in \mathbb{N}$，f^n 都在 U 有定义且是亚纯的，但是 $\{f^n\}$ 在 q 的任意一个邻域 V 内都不正规;

(2) q 的任意一个邻域 V 中都存在 B 中点．

在(1)中，任取 q 的一个邻域 $V \subset U$，存在充分大的 n，使得下列方程

$$f^n(z) = s,\ r,\ 或\ t$$

中至少有一个方程在 V 中存在解．我们不妨认为对无穷多个 n，存在 $z_n \in V$，使得 $f^n(z_n) = t$．如果其中存在 n 和 $n' = n + m > n$，使得 $z_n = z_{n+m} = q$，那么 $f^m(t) = t$，与 t 的选取矛盾．因此，V 中存在 $z \neq q$，并且 $z \in O^-(p)$．

在(2)时，设 V 是 q 的任意一个邻域，V 中有 B 的点 w．w 是 f^{n-1} 的极点并且是 f^n 的本性奇点．因此，对 w 的任意一个邻域 $W \subset V$ 中，存在 $z \in f^{-n}\{r, s, t\}$，$z \neq w$ 并且易知 $z \neq q$．

综上所述，我们总可在 q 的邻域 V 中找到点 z，使得 $z \neq q$，并且 $z \in O^-(p)$. 证毕.

定理 3.2 $J(f)$ 是完全集并且 $J(f) = B'$.

证明 据引理 3.1，因为 $\infty \bar{\in} E(f)$，所以

$$J(f) \subset B' \subset J(f)',$$

则 $J(f)' = J(f)$，并且 $J(f) = B'$. 证毕.

定理 3.3 f 的斥性周期点在 $J(f)$ 中稠密.

这个定理的证明需要 Ahlfors 的五岛定理，即下面的引理.

引理 3.2 设 f 是 $\mathbb{C}$ 上超越亚纯函数，$E_1, \cdots, E_5$ 是 $\mathbb{C}$ 中单连通区域，$\bar{E}_1, \cdots, \bar{E}_5$ 互不相交，并且 $E_i, i = 1, \cdots, 5$ 的边界是分段解析的 Jordan 曲线，则至少存在一个 $i, 1 \leqslant i \leqslant 5$，它使得 $\mathbb{C}$ 中有无穷多个有界单连通区域 D_n（亦称为岛），$f: D_n \to E_i$ 是单叶的.

定理 3.3 的证明　任给 $q \in J(f)$，U 是 q 的任意一个邻域. 我们可以找到五个不同的点 $z_i \neq q$，$z_i \in U$，及自然数 n_i，使得 z_i 是 f^{n_i} 的极点，$i = 1, \cdots, 5$. 进一步，我们可取到一个 $\rho > 0$，使得 $E_i = D(z_i, \rho) \subset U$，$E_i$ 的闭包 $\bar{E}_i$ 互不相交，并且

$$f^{n_i}: E_i \backslash \{z_i\} \to f^{n_i}(E_i \backslash \{z_i\}), \ i = 1, \cdots, 5$$

是无分歧覆盖. 选取 $r > 0$，使得

$$\Delta = \{z : |z| > r\} \subset f^{n_i}(E_i), \ 1 \leqslant i \leqslant 5.$$

根据引理 3.2，存在一个 i，我们不妨设 $i = 1$，和无穷多个有界的单连通区域 $D_n \subset \mathbb{C}$，使得 $f: D_n \to E_1$ 是单叶，且对任何一个 R，只有有限个 D_n 与 $D(0, R)$ 相交. 因此一定在 Δ 中存在单连通区域 D_1，使得 $f: D_1 \to E_1$ 是单叶的. E_1 中也存在一个单连通区域 $E' \subset E_1$，使得 $f^{n_1}: E' \to D_1$ 是单叶的. 从而

$$f^{1+n_1}: E' \to E_1 \supset E'$$

是单叶的. 考虑它的反函数，故 $f^{-(1+n_1)}$ 在 E_1 内存在一个吸性不动点 q'. 所以 U 中的 q' 是 f 的斥性周期点，证毕.

$F(f)$ 是开集，N_1 是 $F(f)$ 中的任意一个连通分支，f 将 N_1 映到 $F(f)$ 的另一个连通分支 N' 中，即 $f(N_1) \subset N'$. 对 f^{-1} 的

分支应用 Gross 星定理(参见 [Ts]),则 $f(N_1)$ 是 N' 中的稠密开子集,并且任意的 $w\in N'\backslash f(N_1)$, w 是 f 的渐近值,即存在路径 $\gamma(t):[0,1)\to \lim_{t\to 1}\gamma(t)=\infty, \lim_{t\to 1}f(\gamma(t))=w$.

定义 3.2 $F(f)$ 是完全不变的开集. N_0 是 $F(f)$ 的一个连通分支,那么就存在 $F(f)$ 的连通分支 N_n,使得 $f^n(N_0)\subset N_n$. 如果 $N_n\cap N_m=\varnothing, \forall n,m,n\neq m$,称 N_0 是游荡分支;否则称 N_0 是最终周期的. 如果存在正整数 p,使得 $f^p(N_0)\subset N_0$,则称 N_0 是 p 周期的. 如果 $p=1$,则称 N_0 是不变的连通分支.

定义 3.3 如果亚纯函数 f 满足

$$f:\mathbf{C}-f^{-1}(W)\to \mathbf{C}-W$$

是无分歧覆盖,其中 $W=\{\alpha_1,\cdots,\alpha_p\}$, p 是正整数,则称 f 是有限型的.

注. 上述定义与整函数和 $\mathbf{C}^*$ 上全纯自映射的有限型的定义是一致的.

引理 3.3 设 f 是 $\mathbf{C}$ 上的亚纯函数, $W=\{\alpha_1,\cdots,\alpha_p\}$,

$$f:\mathbf{C}-f^{-1}(W)\to \mathbf{C}-W$$

是无分歧覆盖,并设 $F(f)$ 有游荡分支,则 $F(f)$ 有一个游荡分支 U,使得 U_k 是单连通的, $U_k=f^k(U), U_0=U$,并且

$$f:U_k\to U_{k+1}, k=0,1,2,\cdots,$$

是双射.

证明 如果 f 是整函数或者 f 是 $\mathbf{C}^*$ 上全纯自映射,此引理显然成立. 下面我们就设 f 是有理函数或者是满足假定 A 的超越亚纯函数. 进一步设 $W=\{\alpha_1,\cdots,\alpha_p\}$ 是使得

$$f:\mathbf{C}-f^{-1}(W)\to \mathbf{C}-W$$

是无分歧覆盖的最小集合.

设 U_0 是 $F(f)$ 的一个游荡分支, U_n 为 $F(f)$ 中包含 $f^n(U_0)$ 的连通分支. 不妨设

$$U_n\cap W=\varnothing,\ n\geqslant 0,$$

从而

$$f:U_n \to U_{n+1}$$

是正则覆盖。

下面证明 U_0 是单连通的，同理 U_n，$n \geq 0$，也是单连通的。

假设 U_0 不是单连通的，则 U_0 包含了一条解析 Jordan 曲线 γ，并且 γ 在 U_0 中不是零伦的。闭路 $\gamma_n = f^n(\gamma)$ 在 U_n 内也不是零伦的。事实上，若 γ_n 在 U_n 内是零伦的，则在 U_0 内，γ_n 的同伦提升 $\gamma \sim 0$，产生矛盾。γ_n 可自交，但它是有限条解析弧的并集，每条弧可被横截多次。

如果 $\{f^n\}$ 的任意子列在 $F(f)$ 的分支 V 内都有非常数的极限函数，则 V 是予周期的，所以 U_0 只有一个常数极限函数。γ_n的球面直径 $d_n \to 0$，$n \to \infty$。设 $10\varepsilon(\leqslant 1)$ 为W中两点间的最小球面距离。存在 n_0，使得 $d_n < \varepsilon$，当 $n \geqslant n_0$ 时。对 $n \geqslant n_0$，$\overline{\mathbb{C}}\backslash\gamma_n$ 有有限多个分支，记 $D_{n,0}$ 为包含 γ_n 的 ε 邻域的外部的分支，其余分支记为 $D_{n,i}, 1 \leqslant i \leqslant m(n)$，称为小分支。$\gamma_n$ 与小分支的并集记为 $\hat{\gamma}_n = \overline{\mathbb{C}}\backslash D_{n,0}$。注意到

$$\operatorname{diam}\hat{\gamma}_n = \operatorname{diam}\gamma_n,$$

$$f(\hat{\gamma}_n) \subset \hat{\gamma}_{n+1}.$$

设 $n \geqslant n_0$，记D为某个小分支 $D_{n,i}$，∂D 由闭路 Γ 和 $\Gamma' = f(\Gamma) \subset \gamma_{n+1}$ 构成。最多只有一个W中点 $a_i \in \hat{\gamma}_{n+1}$。我们不妨设 $a_1 \in \hat{\gamma}_{n+1}$，那么

$$a_1 \in \Gamma' \subset \gamma_{n+1} \subset U_{n+1}.$$

现在，在 $\widetilde{D} = D(a_1, 2\varepsilon) - \{a_1\}$ 内，

$$\Gamma' \sim k\delta,$$

其中 $k \in \mathbf{Z}, \delta(t) = a_1 + \eta e^{it}, 0 \leqslant t \leqslant 2\pi, 0 < \eta < \varepsilon$。若 $p \in \Gamma$，满足 $g(f(p)) = p$ 的 f^{-1} 的分支 g 在 $\widetilde{D}$ 连续，并且将同伦

$$\Gamma' \sim k\delta$$

提升为

$$\Gamma \sim \beta,$$

其中闭曲线 β 是 $k\delta$ 的投影。进一步，因为 g 在 a_1 是孤立奇点，所以它可能是对数分歧点也可能是代数分歧点。

如果 $k \neq 0$，a_1 是 g 的代数分歧点. 此时，我们提升同伦 $a_1 + (1-s)(\Gamma' - a_1), 0 \leqslant s \leqslant 1$. 令 $\Delta = D(a_1, 2\varepsilon)$，可得到

(C) Γ 在 A 中同伦于一条常数道路 α，其中 A 是 $f^{-1}(\Delta)$ 的包含 p 点的分支. 因此 f 在 A 是亚纯的，并且

$$\operatorname{diam} f(A) < 4\varepsilon.$$

如果 $k = 0$，令 $\Delta = \widetilde{D}$，仍然可得到结论 (C).

如果 $\hat{\gamma}_{n+1}$ 内没有 W 中点 a_i，取 Δ 为 $\hat{\gamma}_{n+1}$ 的一个充分小的单连通的邻域，结论 (C) 仍然成立.

因而，无论什么情况，总可有结论 (C).

下面我们证明 $D \subset A$. 如果 f 是超越的，$\infty \bar{\in} A$. 若 f 是有理函数，结论也成立，如果 $z \bar{\in} A$，Γ 的分枝数

$$n(\Gamma, z) = n(\alpha, z) = 0.$$

从而 $z \bar{\in} D$. 因此 $D \subset A$，并且

$$\operatorname{diam} f(D) \leqslant \operatorname{diam} f(A) \leqslant 4\varepsilon.$$

因为 f 是亚纯的，所以

$$\partial f(D) \subset f(\partial D) \subset \gamma_{n+1}.$$

我们可知道

$$f(D) \cap D_{n+1,0} = \varnothing.$$

若不然，$f(D) \supset D_{n+1,0}$，则 $\operatorname{diam} f(D) > 4\varepsilon$. 因此，

$$f(D) \subset \hat{\gamma}_{n+1}.$$

上式对任意一个小分支 D 都成立. 由

$$f(\hat{\gamma}_n) \subset \hat{\gamma}_{n+1}$$

可归纳得到

$$f^k(\hat{\gamma}_n) \subset \hat{\gamma}_{n+k}, \quad k \geqslant 0, \quad n \geqslant n_0.$$

由此，$\hat{\gamma}_n$ 的内部 $\subset F(f)$，进而 $\hat{\gamma}_n \subset F(f)$，则 $\hat{\gamma}_n \subset U_n$. 因为 γ_n 在 U_n 中不可缩为一点，所以

$$\hat{\gamma}_n \cap J(f) \neq \varnothing$$

与 $\hat{\gamma}_n \subset F(f)$ 矛盾. 这表明 U_0 不是单连通的假设不成立.

U_0 是单连通的，同理 $U_n, n \geqslant 0$ 也是单连通的. 证毕.

定理 3.4 设 $f: \mathbb{C} \to \overline{\mathbb{C}}$ 是亚纯函数，$W = \{\alpha_1, \cdots, \alpha_p\}$，使

得

$$f:\mathbb{C}-f^{-1}(W)\to\overline{\mathbb{C}}-W$$

是无分歧覆盖，则 $F(f)$ 没有游荡分支.

证明 假设 $F(f)$ 有游荡分支，根据引理 3.3，$F(f)$ 中存在游荡分支 U_0，$f:U_k=f^k(U)\to U_{k+1}$ 是双射，并且 U_k，$k\geqslant 0$，是单连通的.

因为 U_0 是单连通的，我们可在 U_0 上重复应用第二章 §4，§5 和 §6 中的拟共形方法，最后导出矛盾. 证明下略.

注 定理 3.4 的证明关键是引理3.3，而我们已经注意到引理 3.3 对有理函数、整函数和 $\mathbb{C}^*$ 上全纯自映射等特殊的亚纯函数也是成立的. 第二章中拟共形形变的方法也适用. 因此，我们实际上找到了一个证明第二章 Sullivan 定理、第六章中定理 2.2 及本章定理 3.4 的通用方法.

N_0 是 $F(f)$ 的一个连通分支，N_0 要么是游荡分支，要么是最终周期的. 同其它形式的动力系统一样，我们可对周期分支进行分类.

定理 3.5 设 f 是亚纯函数，N_0 是 $F(f)$ 的一个连通分支，存在正整数 p，使得 $f^p(N_0)\subset N_0$，则 N_0 是下列情况之一:

(1) N_0 是吸(超吸)性. N_0 中存在 f^p 的一个吸(超吸)性不动点.

(2) N_0 是抛物的. N_0 的边界上有 f^p 的一个有理中性不动点.

(3) N_0 是 Siegel 盘.

(4) N_0 是 Herman 环.

以上四种情况与第三章 Sullivan 分类定理，第六章定理 2.3 的对应情况是一样的.

(5) N_0 是本性抛物的. 存在 $z_0\in\partial N_0$ (z_0 可能是∞)，使得在 N_0 中，$f^{np}\to z_0$. 但是 f^p 在 z_0 不是全纯的. 如果 $p=1$，z_0 若存在的话，就只能是∞.

证明见 [BKL3].

参 考 文 献

[A1] L.V. Ahlforfors, Lectures on quasiconformal mappings, Van Nostrand, 1966.

[A2] L.V. Ahlfors, Conformal invariants, topics in geometric function theory, McGraw-Hill, 1973.

[A3] L.V. Ahlfors, Complex analysis, McGraw-Hill, 1979.

[AB] L.V. Ahlfors and L. Bers, Riemann's mapping theorem for variable metrics, Ann. of Math., 72(1960).

[AS] L.V. Ahlfors and L. Sario, Riemann Surfaces, Princeton University Press, 1960.

[B1] I.N. Baker, Repulsive fixpoints of entire functions, Math. Z., 104 (1968).

[B2] I.N. Baker, Limit functions and sets of nonnormality in iteration theory, Ann. Acad. Sci. Fenn. Ser. AI. Math., 467 (1970).

[B3] I.N. Baker, An entire function which has wandering domains, J. Austral. Math. Soc. Ser., A, 22(1976).

[B4] I.N. Baker, Wandering domains in the iteration theory of entire functions, Proc. London Math. Soc., 49 (1984).

[B5] I.N. Baker, Some entire functions with multiply-connected wandering domains, Erg. Th. and Dyn. Sys., 5 (1985).

[B6] I.N. Baker, Wandering domains for maps of the punctured plane, Ann. Acad. Sci. Fenn. Ser. AI. Math., 12(1987).

[BKL1] I.N. Baker, J. Kotus and Lü Yinian, Iterates of meromorphic functions I, Erg. Th. and Dyn. Sys., 11(1991).

[BKL2] I.N. Baker, J. Kotus and Lü Yinian, Iterates of meromorphic functions II, J. London Math. Soc., 4 (1990).

[BKL3] I.N. Baker, J. Kotus and Lü Yinian, Iterates of meromorphic functions III: Preperiodic domains, Erg. Th. and Dyn. Sys.,11(1991).

[BKL4] I.N. Baker, J. Kotus and Lü Yinian, Iterates of meromorphic functions IV: Critically entire functions, Results in Math., 22(1992).

[Bea] A.F. Beardon, The geometry of discrete groups, Springer-Verlag, 1983.

[Ber] L. Bers, On Sullivan's proof of the finiteness theorem and the eventual periodicity theorem, Amer. J. Math., 109(1987).

[Bl] P. Blanchard, Complex analytic dynamic on the Riemann Sphere, Bull. Amer. Math. Soc., 11(1984).

[Crl] H. Cremer, Über die Iteration rationaler Funktionen, Jahresbericht DMV, 33(1925).

[Cr2] H. Cremer, Zum Zentrumproblem, Math. Ann., 98(1927).

[Cr3] H. Cremer, Über die Häufigkeit der Nichtzentren, Math. Ann., 115 (1938).

[D] A. Douady, Systems dynamics Rolomorphes, Séminaire Bourbaki, 599 (1982); Aslerisque, 105—106 (1983).

[EL1] A.E. Eremenko and M. Yu. Lyubich, Iterates of entire functions, Dokl. Akad. Nauk SSSR, 279 (1984); English transl., in Soviet Math. Dokl., 30(1984).

[EL2] A. E. Eremenko and M. Yu. Lyubich, Iterates of entire functions, Preprint No. 6—84 Fiz-Tekhn. Inst. Nizkikh Temperatur Akad. Nauk Ukr. SSR. Khar'kov, 1984 (Russian).

[F] 方丽萍，C* 上复动力系统，数学学报，5,34,(1991).

[Fal] M. P. Fatou, Sur les equations functionelles, Bull. Soc. Math. France, 47 (1919); 48(1920).

[Fa2] M.P. Fatou, Sur l'iteration des fonctions transcendantes entieres, Acta Math., 47 (1926).

[Ha] W.K. Hayman, Meromorphic functions, Oxford, 1964.

[Hel] M.R. Herman, Sur la conjugaison differentiable des diffeomorphismes du cerle a des rotations Publ. I. H. E. S., 49(1979).

[He2]. M.R. Herman, Examples de fractions rationelles ayant une orbit dense sur la sphere de Riemann, Bull. Soc. Math. France, 112(1984).

[He3] M. R. Herman, Are there critical points on the boundaries of singular domains? Comm. Math. Phys., 99 (1985).

[Ju] G. Julia, Memoire sur l'iteration des fonctions rationelles, J. Math. Pures Appl., 8(1918).

[Ke] L. Keen, Dynamics of holomorphic maps of C*, Holomorphic functions and moduli, MSRI, 10, Springer, 1988.

[Li] 李忠，拟共形映射及其在黎曼曲面论中的应用，科学出版社，1988.

[Lü] Lü Yinian, On the proof of Sullivan's eventual periodicity theorem, Acta Math Sinica (New Series), (4), 5, (1989).

[Lz] 吕以辇、张学莲，黎曼曲面，科学出版社，1991.

[Lyl] M. Yu. Lyubich, Entropy properties of rational endomorphisms of the Riemann sphere, Erg. Th. and Dyn. Sys., 3(1983).

[Ly2] M. Yu. Lyubich, On the measure of maximal entropy of a rational endomorphism of the Riemann sphere, Funk. Anal. i Prilozhen, 16 (1982), English transl, in Functional Anal. Appl., 16 (1982).

[Ly3]M. Yu. Lyubich, On typical behavior of the trajectories of rational mapping of the sphere, Soviet Math. Dokl., 27 (1983).
[Ma] P. Makienko, Iteration of analytic functions in C*, Dokl. Akad. Nauk SSSR, 297 (1987), English transl., in Soviet Math, Dokl., 36 (1988).
[Ne1] R. Nevanlinna, Eindeutige analytische Funktionen, Springer, 1953.
[Ne2] R. Nevanlinna, Analytic functions, Springer 1970.
[Rå] H. Rådström, On the iterates of analytic functions, Math. Scand., 1 (1953).
[Sh] M. Shishikura, On the quasiconformal surgery of rational functions, Ann Sci. Ecole Norm. Sup., 20 (1987).
[Si] C. L. Siegel, lteration of a nalytic functions, Ann. of Math., 43 (1942).
[SM] C. L. Siegel and J. Moser, Lectures on Celestial Machanics, Springer-Verlag, 1971.
[Su1] D. Sullivan, Itération des fonctions analytiques complexes, C. R. Acad. Sci. Paris Sér. I Math., 294 (1982).
[Su2] D. Sullivan, Conformal dynamical Systems, Springer-Verlag, Lecture Notes, 1007, 1983.
[Su3] D. Sullivan, Quasiconformal homeomor-phioms and dynamics I: Solution of the Fatou-Julia problem on wandering domains, Ann. of Math., 122 (1985).
[Su4] D. Sullivan, Quasiconformal homeomor phisms and dynamics II, Acta Math., 155 (1985).
[Su5] D. Sullivan, Quasiconformal homeomor phisms and dynamics III, Preprinr IHES/M/83/1, Inst. des Hautes Etudes Sci., 1983.
[Ts] M. Tsuji, Potential theory in modern function theory, Maruzen 1959.

《现代数学基础丛书》已出版书目

1 数理逻辑基础(上册) 1981.1 胡世华 陆钟万 著
2 数理逻辑基础(下册) 1982.8 胡世华 陆钟万 著
3 紧黎曼曲面引论 1981.3 伍鸿熙 吕以辇 陈志华 著
4 组合论(上册) 1981.10 柯 召 魏万迪 著
5 组合论(下册) 1987.12 魏万迪 著
6 数理统计引论 1981.11 陈希孺 著
7 多元统计分析引论 1982.6 张尧庭 方开泰 著
8 有限群构造(上册) 1982.11 张远达 著
9 有限群构造(下册) 1982.12 张远达 著
10 测度论基础 1983.9 朱成熹 著
11 分析概率论 1984.4 胡迪鹤 著
12 微分方程定性理论 1985.5 张芷芬 丁同仁 黄文灶 董镇喜 著
13 傅里叶积分算子理论及其应用 1985.9 仇庆久 陈恕行 是嘉鸿 刘景麟 蒋鲁敏 编
14 辛几何引论 1986.3 J.柯歇尔 邹异明 著
15 概率论基础和随机过程 1986.6 王寿仁 编著
16 算子代数 1986.6 李炳仁 著
17 线性偏微分算子引论(上册) 1986.8 齐民友 编著
18 线性偏微分算子引论(下册) 1992.1 齐民友 徐超江 编著
19 实用微分几何引论 1986.11 苏步青 华宣积 忻元龙 著
20 微分动力系统原理 1987.2 张筑生 著
21 线性代数群表示导论(上册) 1987.2 曹锡华 王建磐 著
22 模型论基础 1987.8 王世强 著
23 递归论 1987.11 莫绍揆 著
24 拟共形映射及其在黎曼曲面论中的应用 1988.1 李 忠 著
25 代数体函数与常微分方程 1988.2 何育赞 萧修治 著
26 同调代数 1988.2 周伯壎 著
27 近代调和分析方法及其应用 1988.6 韩永生 著
28 带有时滞的动力系统的稳定性 1989.10 秦元勋 刘永清 王 联 郑祖庥 著
29 代数拓扑与示性类 1989.11 [丹麦] I. 马德森 著
30 非线性发展方程 1989.12 李大潜 陈韵梅 著

31　仿微分算子引论　1990.2　陈恕行　仇庆久　李成章　编
32　公理集合论导引　1991.1　张锦文　著
33　解析数论基础　1991.2　潘承洞　潘承彪　著
34　二阶椭圆型方程与椭圆型方程组　1991.4　陈亚浙　吴兰成　著
35　黎曼曲面　1991.4　吕以辇　张学莲　著
36　复变函数逼近论　1992.3　沈燮昌　著
37　Banach 代数　1992.11　李炳仁　著
38　随机点过程及其应用　1992.12　邓永录　梁之舜　著
39　丢番图逼近引论　1993.4　朱尧辰　王连祥　著
40　线性整数规划的数学基础　1995.2　马仲蕃　著
41　单复变函数论中的几个论题　1995.8　庄圻泰　杨重骏　何育赞　闻国椿　著
42　复解析动力系统　1995.10　吕以辇　著
43　组合矩阵论(第二版)　2005.1　柳柏濂　著
44　Banach 空间中的非线性逼近理论　1997.5　徐士英　李　冲　杨文善　著
45　实分析导论　1998.2　丁传松　李秉彝　布　伦　著
46　对称性分岔理论基础　1998.3　唐　云　著
47　Gel'fond-Baker 方法在丢番图方程中的应用　1998.10　乐茂华　著
48　随机模型的密度演化方法　1999.6　史定华　著
49　非线性偏微分复方程　1999.6　闻国椿　著
50　复合算子理论　1999.8　徐宪民　著
51　离散鞅及其应用　1999.9　史及民　编著
52　惯性流形与近似惯性流形　2000.1　戴正德　郭柏灵　著
53　数学规划导论　2000.6　徐增堃　著
54　拓扑空间中的反例　2000.6　汪　林　杨富春　编著
55　序半群引论　2001.1　谢祥云　著
56　动力系统的定性与分支理论　2001.2　罗定军　张　祥　董梅芳　著
57　随机分析学基础(第二版)　2001.3　黄志远　著
58　非线性动力系统分析引论　2001.9　盛昭瀚　马军海　著
59　高斯过程的样本轨道性质　2001.11　林正炎　陆传荣　张立新　著
60　光滑映射的奇点理论　2002.1　李养成　著
61　动力系统的周期解与分支理论　2002.4　韩茂安　著
62　神经动力学模型方法和应用　2002.4　阮　炯　顾凡及　蔡志杰　编著
63　同调论——代数拓扑之一　2002.7　沈信耀　著
64　金兹堡-朗道方程　2002.8　郭柏灵　黄海洋　蒋慕容　著

65 排队论基础 2002.10 孙荣恒 李建平 著

66 算子代数上线性映射引论 2002.12 侯晋川 崔建莲 著

67 微分方法中的变分方法 2003.2 陆文端 著

68 周期小波及其应用 2003.3 彭思龙 李登峰 谌秋辉 著

69 集值分析 2003.8 李 雷 吴从炘 著

70 强偏差定理与分析方法 2003.8 刘 文 著

71 椭圆与抛物型方程引论 2003.9 伍卓群 尹景学 王春朋 著

72 有限典型群子空间轨道生成的格(第二版) 2003.10 万哲先 霍元极 著

73 调和分析及其在偏微分方程中的应用(第二版) 2004.3 苗长兴 著

74 稳定性和单纯性理论 2004.6 史念东 著

75 发展方程数值计算方法 2004.6 黄明游 编著

76 传染病动力学的数学建模与研究 2004.8 马知恩 周义仓 王稳地 靳 祯 著

77 模李超代数 2004.9 张永正 刘文德 著

78 巴拿赫空间中算子广义逆理论及其应用 2005.1 王玉文 著

79 巴拿赫空间结构和算子理想 2005.3 钟怀杰 著

80 脉冲微分系统引论 2005.3 傅希林 闫宝强 刘衍胜 著

81 代数学中的 Frobenius 结构 2005.7 汪明义 著

82 生存数据统计分析 2005.12 王启华 著

83 数理逻辑引论与归结原理(第二版) 2006.3 王国俊 著

84 数据包络分析 2006.3 魏权龄 著

85 代数群引论 2006.9 黎景辉 陈志杰 赵春来 著

86 矩阵结合方案 2006.9 王仰贤 霍元极 麻常利 著

87 椭圆曲线公钥密码导引 2006.10 祝跃飞 张亚娟 著

88 椭圆与超椭圆曲线公钥密码的理论与实现 2006.12 王学理 裴定一 著

89 散乱数据拟合的模型、方法和理论 2007.1 吴宗敏 著

90 非线性演化方程的稳定性与分歧 2007.4 马 天 汪宁宏 著

91 正规族理论及其应用 2007.4 顾永兴 庞学诚 方明亮 著

92 组合网络理论 2007.5 徐俊明 著

93 矩阵的半张量积:理论与应用 2007.5 程代展 齐洪胜 著

94 鞅与 Banach 空间几何学 2007.5 刘培德 著

95 非线性常微分方程边值问题 2007.6 葛渭高 著

96 戴维-斯特瓦尔松方程 2007.5 戴正德 蒋慕蓉 李栋龙 著

97 广义哈密顿系统理论及其应用 2007.7 李继彬 赵晓华 刘正荣 著

98 Adams 谱序列和球面稳定同伦群 2007.7 林金坤 著

99 矩阵理论及其应用 2007.8 陈公宁 编著
100 集值随机过程引论 2007.8 张文修 李寿梅 汪振鹏 高 勇 著
101 偏微分方程的调和分析方法 2008.1 苗长兴 张 波 著
102 拓扑动力系统概论 2008.1 叶向东 黄 文 邵 松 著
103 线性微分方程的非线性扰动(第二版) 2008.3 徐登洲 马如云 著
104 数组合地图论(第二版) 2008.3 刘彦佩 著
105 半群的 S-系理论(第二版) 2008.3 刘仲奎 乔虎生 著
106 巴拿赫空间引论(第二版) 2008.4 定光桂 著
107 拓扑空间论(第二版) 2008.4 高国士 著
108 非经典数理逻辑与近似推理(第二版) 2008.5 王国俊 著
109 非参数蒙特卡罗检验及其应用 2008.8 朱力行 许王莉 著
110 Camassa-Holm 方程 2008.8 郭柏灵 田立新 杨灵娥 殷朝阳 著
111 环与代数(第二版) 2009.1 刘绍学 郭晋云 朱 彬 韩 阳 著
112 泛函微分方程的相空间理论及应用 2009.4 王 克 范 猛 著
113 概率论基础(第二版) 2009.8 严士健 王隽骧 刘秀芳 著
114 自相似集的结构 2010.1 周作领 瞿成勤 朱智伟 著
115 现代统计研究基础 2010.3 王启华 史宁中 耿 直 主编
116 图的可嵌入性理论(第二版) 2010.3 刘彦佩 著
117 非线性波动方程的现代方法(第二版) 2010.4 苗长兴 著
118 算子代数与非交换 L_p 空间引论 2010.5 许全华 吐尔德别克 陈泽乾 著
119 非线性椭圆型方程 2010.7 王明新 著
120 流形拓扑学 2010.8 马 天 著
121 局部域上的调和分析与分形分析及其应用 2011.4 苏维宜 著
122 Zakharov 方程及其孤立波解 2011.6 郭柏灵 甘在会 张景军 著
123 反应扩散方程引论(第二版) 2011.9 叶其孝 李正元 王明新 吴雅萍 著
124 代数模型论引论 2011.10 史念东 著
125 拓扑动力系统——从拓扑方法到遍历理论方法 2011.12 周作领 尹建东 许绍元 著
126 Littlewood-Paley 理论及其在流体动力学方程中的应用 2012.3 苗长兴 吴家宏 章志飞 著
127 有约束条件的统计推断及其应用 2012.3 王金德 著
128 混沌、Mel′nikov 方法及新发展 2012.6 李继彬 陈凤娟 著
129 现代统计模型 2012.6 薛留根 著
130 金融数学引论 2012.7 严加安 著
131 零过多数据的统计分析及其应用 2013.1 解锋昌 韦博成 林金官 著

132　分形分析引论　2013.6　胡家信　著
133　索伯列夫空间导论　2013.8　陈国旺　编著
134　广义估计方程估计方程　2013.8　周　勇　著
135　统计质量控制图理论与方法　2013.8　王兆军　邹长亮　李忠华　著
136　有限群初步　2014.1　徐明曜　著
137　拓扑群引论(第二版)　2014.3　黎景辉　冯绪宁　著
138　现代非参数统计　2015.1　薛留根　著